21世纪高职高专规划教材·旅游与酒店管理系列

食品雕刻项目化教程

主　编　董道顺

副主编　罗桂金　王建中

参　编　谷　绒　王　杰

主　审　李　红　黄卫良

U0385916

中国人民大学出版社

·北京·

前　言

随着我国经济的快速发展，人们的生活条件不断改善，对饮食的要求也不断提高。制作色、香、味、形俱佳的菜肴，营造和谐的、切合宴席主题的氛围，正是为了满足人们对饮食的高要求，提升就餐时的愉悦感。食品雕刻技艺是我国烹饪技术中的一朵奇葩，它以提升愉悦感受为目标，追求烹饪造型艺术和色彩搭配艺术，集菜肴点缀、展台布置于一体，是烹饪技术人员的一项重要的应用技术和拓展技能。

我国高等职业教育高速发展，高职教育项目化教学改革如火如荼。食品雕刻是颇具代表性的"以工作任务为中心，以典型产品为载体"的课程，特别适合且非常必要按项目化方式组织教学。然而，目前国内尚没有真正意义上的食品雕刻项目化教材。为打破项目化教材缺乏的瓶颈，推动项目化教学改革，本课程教学团队集中了校企双方优势力量，精心编写《食品雕刻项目化教程》。本教材具有以下四个特色：

一、项目引领

教材在编写过程中，通过项目引领，以"任务"驱动学生为完成"典型产品"而学习、设计、制作。在基础项目中，按"项目任务→知识积累→技能积累→资料查询→设计制作典型产品→完成任务→项目评价"的基本思路编排内容；在学生已完成知识与技能积累的情况下，在综合项目中，按"项目任务→项目分析→资料查询→设计制作→典型产品→完成任务→项目评价"的思路编排内容。

项目引领将极大地增强学生学习的主动性与积极性，变被动学习为主动学习，使学生真正成为学习的主体。

二、理实一体

本教材彻底改变了传统教材人为地将理论与实践剥离、先理论后实践的编写模式，真正将理论与实践紧密融合，使理论与实践成为一个有机整体。这种编排方式，使学生在实

食品雕刻项目化教程

践的过程中学习理论，在学习理论的过程中进行实践，既增强了实践教学的理论指导性，也改变了理论教学的枯燥无味，使理论与实践相互补充、相互促进。

三、图文并茂

本教材提供高清照片数百幅，穿插于相应的文字之中，生动地对文字进行了直观展示，有助于学生学习操作技能，领悟理论知识，了解操作关键，感受雕刻效果，按图操作实践。

四、校企共建

紧密结合企业实际，以企业在生产运营中真正应用的"典型产品"为任务载体，进行项目编排。联合学校、行业、企业一线专家进行编写，充分发挥各自优势，实现优势互补。

本教材由中国烹饪名师、高级技师董道顺担任主编，江苏食品药品职业技术学院餐旅专业群带头人李红、太仓玫瑰庄园酒店有限公司副总经理黄卫良主审。具体分工为：江苏食品药品职业技术学院董道顺完成项目二、项目四、项目八、项目十六的实践操作与编写；江苏省淮阴商业学校罗桂金完成项目三、项目五、项目十、项目十一、项目十二、项目十四的实践操作与编写；淮安市烹饪协会、淮阴师范学院王建中完成项目一、项目七、项目十三的实践操作与编写；镇江扬中菲尔斯金陵大酒店雕刻师王杰完成项目六、项目九、项目十五的实践操作；江苏食品药品职业技术学院谷绒完成项目六、项目九、项目十五的文字编写，并负责拍摄全部视频资料。全书由董道顺构思、编写提纲、组织编写、统稿，并拍摄编辑全部实践操作图片。

在教材编写过程中，我们参考了一些专家的著作、文献及大量图片，在此一并表示感谢。由于时间紧迫，加上水平有限，书中错误与不足在所难免，恳请读者批评指正。

编者
2014年10月

目 录

基础项目篇

项目一　一往情深 ………………………………………………… 3

项目二　百花齐放 ……………………………………………… 15

项目三　鸟语花香 ……………………………………………… 37

项目四　齐梅祝寿 ……………………………………………… 51

项目五　孔雀开屏 ……………………………………………… 63

项目六　丹凤朝阳 ……………………………………………… 75

项目七　牡丹瓜灯 ……………………………………………… 89

项目八　雁塔题名 ……………………………………………… 105

项目九　海底世界 ……………………………………………… 115

项目十　蛟龙出水 ……………………………………………… 129

项目十一　马到成功 …………………………………………… 143

项目十二　窈窕淑女 …………………………………………… 155

综合项目篇

项目十三　长寿宴雕刻作品设计与制作 ……………………… 173

项目十四　婚庆宴雕刻作品设计与制作 ……………………… 187

项目十五　庆功宴雕刻作品设计与制作 ……………………… 201

项目十六　迎宾宴雕刻作品设计与制作 ……………………… 217

基础项目篇

项目一

▶ 一 往 情 深

 项目引入

切雕工艺作品多用于菜品装饰、点缀等方面，其选料方便，色彩多样，工艺简洁，形象逼真。采用切雕方法制作的作品有渔网、花卉、天鹅、蝴蝶等，常用于菜肴的装点、美化，运用广泛。

 项目目标

通过该项目的教学，使学习者掌握利用切片刀、平口刀、U形刀等刀具，运用切、划、戳等基本技法，切雕出花、鸟、虫、鱼等动植物形态，并能通过设计，制作"蝶恋花"、"天鹅戏水"、"一往情深"等主题的切雕作品。

 项目任务

（1）学会运用切雕工艺，雕刻渔网、天鹅、蝴蝶、花卉等。

（2）运用所掌握的基本元素，进行适当的拓展、创新，设计制作出"一往情深"切雕作品。

第一部分　素材积累

一、天鹅戏水

◆ 原料选择

老南瓜[①]（见图 1-1）、白萝卜。

◆ 刀具选用

切片刀[②]（见图 1-2）、平口刀（见图 1-3）。

图 1-1

图 1-2

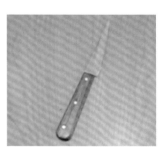
图 1-3

◆ 雕刻刀法

切、划、批等。

◆ 雕刻过程

（1）用切片刀将南瓜切成厚薄一致，直径 8 厘米，厚 0.4 厘米的半圆片（见图 1-4、图 1-5）。

图 1-4

图 1-5

[①] 老南瓜：又称番瓜，是食品雕刻中常用的原料之一，颜色金黄，质地紧密，雕刻刀纹清晰，常用于雕刻花卉、龙、凤、塔等作品。

[②] 切片刀：刀形长大，锋利，用于切大块原料。

（2）用平口刀在半圆片上划①出天鹅的头部线条，去除废料（见图1-6）；接着划出天鹅的翅膀及身体，去除废料，形成天鹅身体的平面造型（见图1-7、图1-8）。

图1-6

图1-7

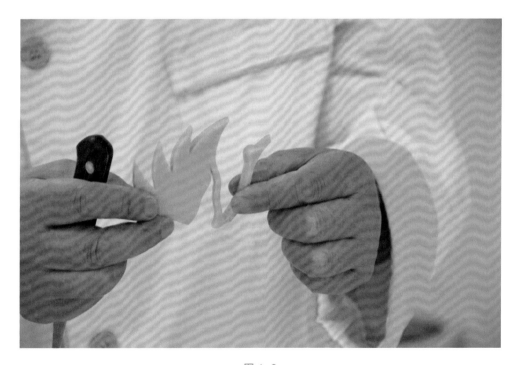

图1-8

（3）用平口刀将天鹅翅膀批成夹刀片，注意底部相连不能批断（见图1-9）。

---

① 划：是指把所构思的雕刻作品的大体形态，用平口刀在原料上刻出一定的深度，使其轮廓显现的技法。

图 1-9

（4）将鹅颈根部推入两片翅膀的夹片内，使天鹅呈飞翔状（见图 1-10）。用牙签插在用白萝卜雕刻成的浪花上即成（见图 1-11）。

图 1-10

图 1-11

◆ 关键提炼

（1）坯料要切成厚薄均匀的半圆片。

（2）以刀代笔，运刀自然流畅，准确划出天鹅的平面图形（见图 1-7）。

（3）天鹅翅膀批夹刀片时，底部应保持 0.3 厘米厚度不批断，且两片翅膀的厚度一致（见图 1-9）。

（4）天鹅翅膀展开后，底部要用牙签固定造型（见图 1-10），并用**水浸法**[①]浸泡或保管。

---

① 水浸法：是指把脆性雕刻作品放入 1% 的明矾水中浸泡，使原料吸水膨胀，从而让作品显得更加舒展、生动，也可以较长时间地保持作品质地新鲜和色彩鲜艳。

◆创新拓展

运用切雕天鹅的技法，进一步拓展切雕丹顶鹤（见图1-12）、白鹅（见图1-13）等。

图1-12   图1-13

二、蝶恋花

◆原料选择

青南瓜（见图1-14）（或心里美萝卜等）。

◆刀具选用

切片刀、U形圆口刀及平口刀（见图1-15）。

 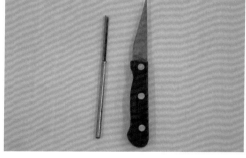

图1-14   图1-15

◆雕刻刀法

切、划、插等。

◆雕刻过程

（1）将南瓜切成半圆形，再用切片刀将南瓜切成厚薄均匀的夹刀片（见图1-16、图1-17）。

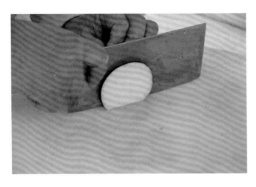

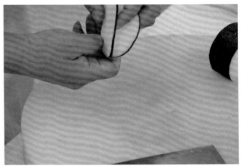

图 1-16   图 1-17

（2）用平口刀将半圆形夹刀片划成蝴蝶形态的平面造型，去除多余废料（见图 1-18、图 1-19）。

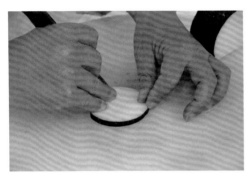

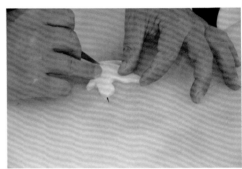

图 1-18   图 1-19

（3）用 U 形刀在蝴蝶翅膀上均匀地插上小孔（见图 1-20），然后将小孔用平口刀划成镂空的凤尾形态（见图 1-21）。

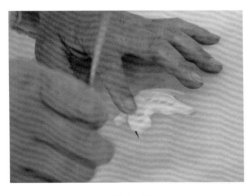

图 1-20   图 1-21

（4）将蝴蝶翅膀展开，并将蝴蝶触须推入翅膀内，用牙签从底部固定，即为飞舞蝴蝶（见图 1-22），蝴蝶再与花卉结合，即为蝶恋花（见图 1-23）。

图 1-22 图 1-23

◆ 关键提炼

（1）青南瓜要切成厚薄均匀的半圆形夹刀片。

（2）夹刀片底部应保持 0.3 厘米的厚度不切断，且两片的厚度一致（见图 1-16、图 1-17）。

（3）以刀代笔，运刀自然流畅，准确划出蝴蝶的平面图形（见图 1-19）。

（4）蝴蝶翅膀上插的镂空装饰小孔应分布均匀，大小一致，线条柔和自然（见图 1-20、图 1-21）。

（5）蝴蝶翅膀展开后，底部要用牙签固定造型（见图 1-22）。

◆ 创新拓展

运用切雕蝴蝶的技法，进一步拓展切雕蜻蜓（见图 1-24）、蜜蜂（见图 1-25）等。

图 1-24 图 1-25

三、渔网

◆ 原料选择

胡萝卜[①]（见图1-26）、盐。

◆ 刀具选用

切片刀（见图1-27），U形刀（见图1-28）。

图1-26

图1-27

图1-28

◆ 雕刻刀法

插、切、批。

◆ 雕刻过程

（1）用切片刀将胡萝卜两头切平，U形刀从胡萝卜中心穿过（见图1-29），再将胡萝卜切成长方体。

（2）如图1-30所示，用切片刀从胡萝卜一端，在"1"、"2"两面，对称直切成厚0.12厘米的片，刀深至U形刀，然后用同样的方法在"3"、"4"两面直切出同样厚度的片，但与"1"、"2"两面的萝卜片刀距为0.12厘米。重复以上刀法，直至将萝卜切至根部。

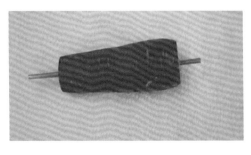

图1-29

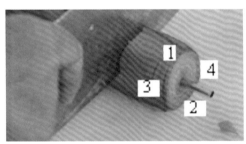

图1-30

---

① 胡萝卜：直根上部肥大，形状有短圆锥形、长圆锥形、长圆柱形等；色泽有紫红、橘红、粉红、黄绿等。胡萝卜原产于地中海沿岸地区，现在我国广泛栽种，春季播种，秋季大量上市，主要品种有：内蒙古黄萝卜、烟台五寸萝卜、上海长红胡萝卜、安徽肥东黄萝卜等。胡萝卜在食品雕刻中多用于小型动植物作品的造型，可制作花卉、鱼虾、渔网、鸟类及盘面装饰物等。

（3）将切上渔网刀的胡萝卜切去边角（见图1-31），修圆，批成柱状形态（见图1-32）。

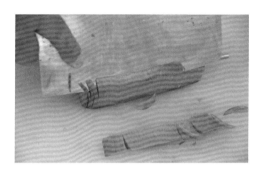 

图1-31　　　　　　　　　　　　　　　图1-32

（4）用切片刀将胡萝卜**批**①成薄片。批的过程中需不断抹上精盐（见图1-33、图1-34），使胡萝卜片变软但不会断裂。

 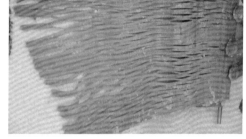

图1-33　　　　　　　　　　　　　　　图1-34

（5）切制后的渔网展示（见图1-35）。

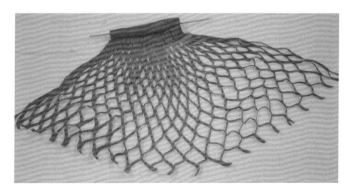

图1-35

① 批：指运用横刀法（刀面与案面平行），将原料片成片状的刀法。

◆ 关键提炼

（1）胡萝卜应选用形态完整、粗壮、水分足、色泽艳丽的品种。

（2）U形刀或竹签应从胡萝卜的中心穿透，尽量不要偏离中心（见图1-29）。

（3）胡萝卜需切成截面呈正方形的长方体，便于刀工操作。

（4）切制渔网时，保持刀距一致（见图1-30）。

（5）纵向和横向的切面不得重叠或交叉。

（6）批片过程中应抹上精盐，防止渔网断裂（见图1-33）。

（7）胡萝卜批（渔网）片时，应厚薄一致（见图1-34）。

◆ 创新拓展

通过切、划、刻、插、批等切雕技法，利用所掌握的教学品种，可以进一步拓展切雕品种。如：石竹花（见图1-36）、城墙垛（见图1-37）、球菊（见图1-38）等。

  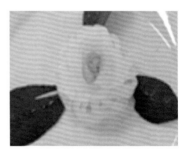

图1-36　　　　　　　图1-37　　　　　　　图1-38

第二部分 项目实施

◆ 项目名称

一往情深

◆ 项目要求

运用**切雕工艺**①学习的基本元素，如天鹅、蝴蝶、渔网等基本作品，经拓展学习的花卉等动植物造型，经过精心设计，完成"一网情深"主题雕刻作品。要求设计精巧、形态逼真、工艺简洁、色彩自然，可单独作为点缀使用，也可与浪花、花卉等组合使用。

◆ 完成基础

要完成该项目，需要了解所用原料的基本特点、常用刀具的使用方法及运刀特点、掌握常见切雕作品的切雕方法。具体要求见表 1–1。

表 1–1　　　　　　　　　　　　"一往情深"项目完成基础

序号	知识技能基础	知识技能类型	知识技能运用	运用方式
（1）	切片刀、平口刀、U形刀特点及使用方法	刀具、刀法	运用有关刀具及刀法	直接运用
（2）	胡萝卜、南瓜	雕刻原料色泽、质地、刀感等特点	原料利用知识	直接运用
（3）	天鹅	鸟类	直接运用于该项目；拓展雕刻丹顶鹤、白鹅等	直接运用 拓展运用
（4）	蝴蝶	昆虫类	直接运用于该项目；拓展雕刻蜻蜓、蜜蜂等	直接运用 拓展运用
（5）	渔网	装饰物	直接运用于该项目	直接运用
（6）	石竹花、城墙垛、球菊	装饰物	知识技能的拓展与迁移	拓展运用

◆ 资料查询

（1）郑忠良 . 水果切雕［M］. 上海：上海科学普及出版社，2001.

（2）卫兴安 . 食品雕刻图解［M］. 北京：中国轻工业出版社，2014：14–15.

（3）孙宝和 . 食品雕刻：孙宝和蔬果切雕艺术［M］. 北京：中国轻工业出版社，1998.

---

① 切雕工艺：是将瓜果类原料通过切、划等工艺手法，制作出简洁明快、形象生动的动植物切雕作品的过程。

（4）李凯. 水果切雕与拼摆［M］. 成都：四川科学技术出版社，2007.

◆ 佳作展示

"一往情深"雕刻成品如图1-39所示。

图1-39

点评：

切雕技艺简洁明快，形象生动，色彩搭配和谐，构图虚实结合。两条小鱼一前一后，一上一下，嬉戏玩耍，情真意切。

◆ 评分标准

"一往情深"项目评分标准见表1-2。

表1-2　　　　　　　　　　　　"一往情深"项目评分标准

指标	总分	评分标准
切雕质量	70	作品形象逼真、色彩自然、刀法细腻、线条流畅、厚薄一致；作品栩栩如生、生动自然；无断裂。
设计创新	30	主题鲜明，设计合理美观，有创意，构思简洁、巧妙，体现切雕易于操作的特点。

◆ 拓展项目

情投意合、继往开来、比翼双飞等。

项目二

百花齐放

 项目引入

百花齐放泛指各种各样的花卉同时开放，常形容文化艺术和各行业蓬勃发展的繁荣景象。食品雕刻中常以百花齐放这样的主题，表达形式多样、百家争鸣、繁荣发展的现实与期望。

项目目标

通过该项目的教学，掌握切刀、平口刀、U形刀等刀具的外形特点、握刀姿势、运用方法，并能较熟练地使用这些刀具；掌握刻、旋等基本技法，运用相应技法，雕刻出常见花卉；进而由学生设计、雕刻颜色丰富、大小有别、形态各异的花卉，并能通过设计，雕刻"百花齐放"这一主题作品。

项目任务

（1）完成月季花、大丽花、蟹爪菊、玫瑰花、马蹄莲五种花卉的雕刻。

（2）雕刻完成假山、花篮、花瓶等作为配件。

（3）运用各种配件、花枝等辅助装饰料，并进行合理组装，形成百花齐放、争奇斗艳的景致。

第一部分　素材积累

一、月季花

◆ 原料选择

心里美萝卜①（见图 2-1）（或南瓜、白萝卜、胡萝卜等）。

◆ 刀具选用

切片刀（见图 2-2）、平口刀（见图 2-3）。

　　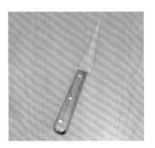

图 2-1　　　　　　　　　图 2-2　　　　　　　　　图 2-3

◆ 雕刻刀法

刻、旋、抠。

◆ 雕刻过程

（1）修坯料。用切片刀将心里美萝卜对半切开，在侧面刻掉 5 个大小一样、厚薄一致的废料（见图 2-4）。

（2）刻外层花瓣。用**平口刀**②在圆台底侧，紧贴去除废料后的刀面**刻**③出 5 片上薄下厚的花瓣（见图 2-5、图 2-6）。

（3）旋内层花瓣。从第二层花瓣开始，就可以采用**旋**④的雕刻技法。握笔法紧握平口刀，刀刃切入萝卜厚约 1 厘米，刀尖紧贴第一层花瓣根部，旋去一圈呈"V"形的废料，上宽下尖（见图 2-7、图 2-8）。

---

① 心里美萝卜：皮呈青绿，内心紫红，质地致密，常用于雕刻月季、玫瑰、大丽花等。
② 平口刀：刀面直平，刀刃长 8~10 厘米，使用广泛。
③ 刻：食品雕刻中常见的雕刻方法之一，横握刀柄，拇指按住原料，自上而下，切刻原料。
④ 旋：刀法自然流畅，刀面圆滑、平整。有内旋和外旋两种，内旋常用于由内层向外层刻制花卉、器皿等，如马蹄莲、花瓶等；外旋适合于由外层向内层雕刻的花卉，如月季、玫瑰等。

握笔法紧握平口刀，紧贴修出的刀面，以旋刀法旋出一个弧形、上薄下厚、1/3 圆周跨度的花瓣（见图 2-9）。

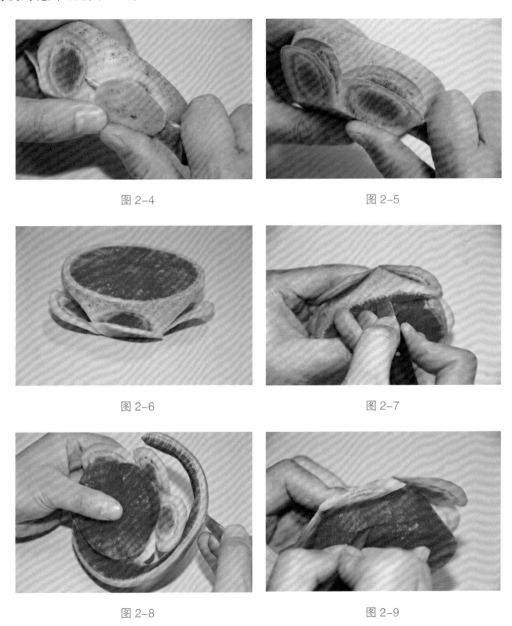

图 2-4

图 2-5

图 2-6

图 2-7

图 2-8

图 2-9

从修出的花瓣中部，用同样的方法，抠去废料（见图 2-10），进而同法旋出第二个花瓣（见图 2-11）。依此类推不断向内层旋（见图 2-12、图 2-13）。

图 2-10

图 2-11

图 2-12

图 2-13

（4）中间呈下大上小的圆台（见图 2-14），用内旋法进一步向内收，直至收出花心（见图 2-15）。成品可采用**低温保存法**①进行保存。

图 2-14

图 2-15

◆ 关键提炼

（1）初修成的坯料，上大下小，以使花瓣呈向外开放状（见图 2-4）。

---

① 低温保存法：是指把雕刻作品放入盘内加入凉水（以淹没作品为宜）或用保鲜膜包好，然后放入冰箱内，温度控制在 1℃左右，可以使作品保存较长的时间。

（2）运刀自然流畅，不宜多停顿，以确保花瓣平整、光滑。

（3）去除废料时，刀尖紧贴外层花瓣根部，废料上宽下尖，呈"V"形，否则废料不易去除干净（见图2-7、图2-8）。

（4）花瓣上薄下稍厚，使花瓣柔美而具有韧性。

（5）花瓣的角度不断变化，由外展不断内扣直至收花心，最终呈圆锥形。

◆ 创新拓展

利用外旋法，通过图片等资源，可以进一步拓展雕刻玫瑰花（见图2-16）、牡丹花（见图2-17）、荷花（见图2-18）等。

图2-16　　　　　　　　　　图2-17　　　　　　　　　　图2-18

（图片来源：图2-16：http：//www.zjphoto.com.cn/photoshow.php?gid=2005080514165293；图2-17：http：//bbs.zm7.cn/forum.php?mod=viewthread&tid=95939&ordertype=1；图2-18：http：//tupian.baike.com/583/23.html?prd=zutu_thumbs）

二、圆瓣大丽花

◆ 原料选择

南瓜（或心里美萝卜等）、白萝卜。

◆ 刀具选用

切刀、平口刀、U形刀[①]一套（见图2-19）。

◆ 雕刻刀法

插、抠。

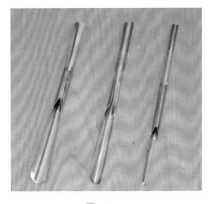

图2-19

[①] U形刀：通常两头有刃，刀刃呈U形，一套刀常有6种刀刃，大小不一，由小到大依次称作1号U形刀至6号U形刀，刻出的刀纹有弧度，常用于雕刻花瓣、鸟类羽毛、鳞片等。

◆雕刻过程

（1）修坯料。南瓜削去表皮，修成半圆形（见图2-20）。

（2）填花心料。用5号U形刀，在中心旋出一个圆柱形的洞，再用同号U形刀，在白萝卜上旋出一个同样直径的圆柱，并填在旋好的圆洞中（见图2-21）。

图2-20　　　　　　　　　　　　　　图2-21

（3）刻花心。用1号U形刀，刀刃向外，在白萝卜上插出花心，然后用平口刀去除废料；再用同号U形刀插出第二层花瓣，去除花瓣下的废料，刻成花心（见图2-22）。

（4）刻外层花瓣。用1号U形刀，刀刃向内，在花心外侧的南瓜上以45°斜角铲去废料，继

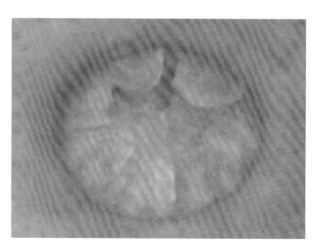

图2-22

而用同号U形刀紧贴原料表面插出第一层花瓣（见图2-23、图2-24）；换2号U形刀，在第一层2片花瓣之间，继续铲去废料，再用同号的U形刀铲出第二层花瓣。以此类推，共刻出6层花瓣。刻至最后一层时，U形刀向坯料中部深入铲进，至中心交汇，铲完一圈后，取下花朵即成大丽花（见图2-25、图2-26）。

（5）以水浸法保存，浸涨。

图 2-23

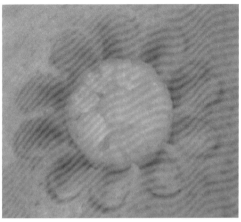

图 2-24

图 2-25

图 2-26

◆ 关键提炼

（1）修坯时，要将坯料修成半圆形，这样刻成后，花形饱满，雍容大气（见图 2-21）。

（2）做花心要选用不同颜色的原料，比如南瓜配白萝卜、南瓜配心里美萝卜等。

（3）去外层花瓣废料时，不宜去得太长，太长则下一层花瓣会显得太长。

（4）花瓣应外薄内厚。同时，铲到花瓣底部的时候，刀要向上立起一定的角度，并且向深处铲入，这样下一层废料才易于去除。

（5）第一层花瓣与纵轴线角度为 45°，每增加一层角度增加约 15°，以使刻成的花瓣角度变化，层次感更强。

◆ 创新拓展

利用 U 形刀插入法，进一步拓展雕刻野菊花（见图 2-27）、梅花等品种（见图 2-28）；也可以利用 V 形刀（见图 2-29），雕刻尖瓣大丽花（见图 2-30）。

图 2-27

图 2-28

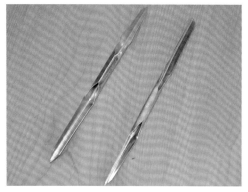

图 2-29

图 2-30

（图片来源：图 2-27：http://www.nipic.com/show/1/44/c6d14181034bacbe.html；图 2-28：http://pp.fengniao.com/photo_12078716.html；图 2-30：http://bbs.zm7.cn/thread-63136-1-1.html）

三、蟹爪菊

◆ 原料选择

心里美萝卜（或南瓜、胡萝卜、白萝卜等）。

◆ 刀具选用

平口刀、1 号 V 形刀。

◆ 雕刻刀法

插、旋。

◆雕刻过程

（1）修坯料。心里美萝卜以外旋法修成上大下小的圆台形，沿上底面圆周边缘稍加修整（见图2–31）。

（2）修外层花瓣。握笔法紧握1号V形刀，在上底面距边缘1厘米处，向外向下插出V形菊花花瓣（见图2–32、图2–33）。

图2–31

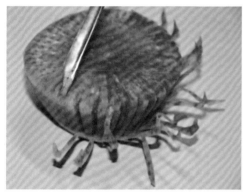

图2–32

图2–33

平口刀旋去废料。以同样的方法插出第二层及第三层花瓣（见图2–34、图2–35）。去除废料后，将中心圆柱修矮约1厘米（见图2–36、图2–37）。

图2–34

图2–35

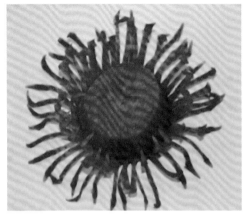 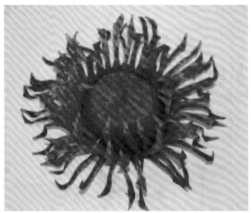

图 2-36 图 2-37

（3）修花心。在修矮了的中心圆柱上插出花瓣（花心），花心的花瓣向内包起，去除废料后，再刻第二层花心花瓣并去除下面的废料（见图 2-38、图 2-39）。

（4）水浸法稍浸泡，背景点缀装饰即可（见图 2-40）。

  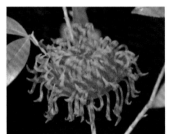

图 2-38 图 2-39 图 2-40

◆ 关键提炼

（1）插至花瓣根部时，刀柄向上抬起，使花瓣展开，同时也便于去除下面的废料。

（2）去废料时，刀尖紧贴花瓣根部，既要去尽废料，又不能切断花瓣。

（3）废料应上大下小，呈"V"形，从而使花瓣的角度由外展不断变化成内包，增强花瓣的层次感。

（4）花瓣粗细适度。太粗花瓣无法展开；太细则无法挺起。

（5）蟹爪菊常采用**整雕**①的方法雕刻完成。

---

① 整雕：是指用一块原料雕刻成一件作品，不再需要其他物料的陪衬与支持就自成一个完整的造型。

◆创新拓展

利用 V 形刀，采用插的方法，可以进一步拓展雕刻尖瓣大丽花（见图 2–30）、野菊花（见图 2–27）、鸟类的羽毛等（见图 2–41、图 2–42）。

图 2–41

图 2–42

四、玫瑰花

◆原料选择

胡萝卜（或心里美萝卜、南瓜等）。

◆刀具选用

平口刀、5 号 U 形刀。

◆雕刻刀法

插、旋、刻、抠。

◆雕刻过程

（1）修坯料。用平口刀将心里美萝卜修成上大下小的圆台形（见图 2–43）。

（2）刻花瓣。用 5 号 U 形刀，在圆台侧面，由下向上、从右向左铲出一条弧形槽（只铲出大半个圆）（见图 2–44、图 2–45）。用平口刀将弧形槽中间突起部分削圆润光滑（见图 2–46）。

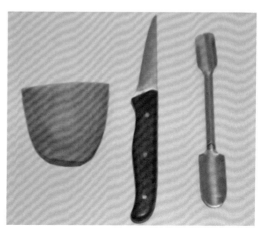

图 2–43

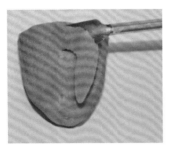

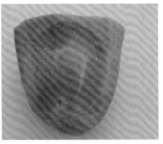

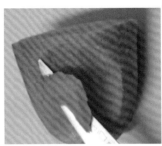

图 2-44   图 2-45   图 2-46

紧贴修好的弧形槽内侧修出呈翻卷状的一片玫瑰花花瓣，抠掉花瓣下面的废料，废料厚度约 0.5 厘米（见图 2-47、图 2-48）。

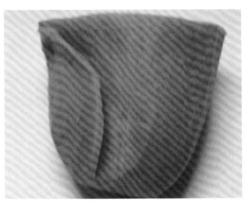

图 2-47   图 2-48

在旋好的花瓣的右侧，于下底离前一刀 1/3 圆周处，以同样的方法，再铲出同样大小、同样角度的 1 条弧形槽，此弧形槽应压在前一个花瓣的底下。以同样的方法将弧形槽中间突起部分修圆润光滑，去除花瓣下面的废料（见图 2-49、图 2-50）。

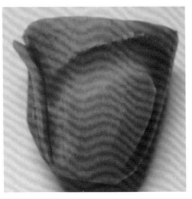

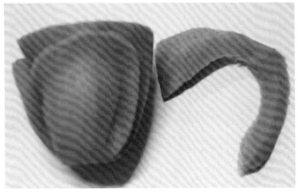

图 2-49   图 2-50

以同样的方法刻出第 3 片花瓣，并去除废料（见图 2-51、图 2-52）。

图 2-51   图 2-52

在第一层花瓣的每两片花瓣之间，以同样的方法刻出第二层花瓣（见图 2-53、图 2-54）。

图 2-53   图 2-54

（3）从第三层开始，可以采用旋月季花花心的方法，向内收花心。具体方法是：用刀尖在中心圆台上修出一个半圆形花瓣，花瓣跨度较大，一般超过 1/3 圆周（见图 2-55）。从该花瓣下面中心位置旋去一块废料，以同样的方法从去掉废料处再旋出一个向内包住的同样跨度的花瓣（见图 2-56）。以同样的方法不断向内旋、向内包，直至将花心完全包住（见图 2-57）。

图 2-55

图 2-56

图 2-57

◆ **关键提炼**

（1）用 U 形刀铲出凹槽，使花瓣呈向外翻卷状。

（2）紧贴凹槽旋出花瓣，花瓣应上薄下厚。

（3）花瓣第一层向外翻卷，第二层基本与水平面呈90°，第三层花瓣则向内包起，形成花心，使花心呈待开放状。

（4）去除废料时，刀尖深达上一层花瓣的根部，刀面与其呈约20°的夹角，以便去除废料，同时前一层花瓣与下一层花瓣之间产生一定的缝隙，形成层次感。

◆创新拓展

平口刀与U形刀配合，刻出向外翻卷的花瓣，这种刻法还可用于雕刻马蹄莲（见图2-58）、牵牛花（见图2-59）等；原料也可采用心里美萝卜、白萝卜等，分别刻出红玫瑰、黄玫瑰、白玫瑰等。

图 2-58   图 2-59

五、马蹄莲

◆原料选择

白萝卜[1]、胡萝卜。

◆刀具选用

平口刀、5号U形刀、切刀。

◆雕刻刀法

插、旋、组雕。

◆雕刻过程

（1）修坯料。平口刀刀面与白萝卜呈30°夹角，在梢部切长约10厘米的一段（见图2-60、图2-61）。

---

① 白萝卜：体大，肉厚，色泽纯白洁净。长约25厘米，直径约8厘米。可用于雕刻各种白色的花卉（如马蹄莲、月季、菊花、荷花等），也可用于雕刻丹顶鹤、假山、花瓶等作品。

（2）刻花瓣外层。以**握笔法**^①紧握 U 形刀，从最高处沿切口边缘，在萝卜侧面插出半圈较深的凹槽，将到坡面的最低端时，向下插入（见图 2-62、图 2-63）；用同样的方法，从最高点向相反的方向插出凹槽，至最低端时，向下插入，与前一刀相交（见图 2-64、图 2-65）。

用平口刀沿凹槽的弧度由上向下，刻 S 形弧线。以此法沿萝卜侧面刻一圈，使花的外形呈 S 形（见图 2-66、图 2-67、图 2-68、图 2-69、图 2-70、图 2-71）。

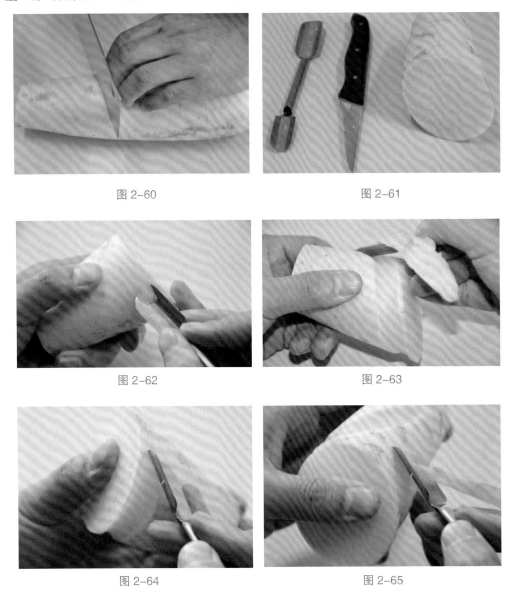

图 2-60

图 2-61

图 2-62

图 2-63

图 2-64

图 2-65

---

① 握笔法：是指如握笔的姿势握刀，即拇指、食指、中指握紧刀身，无名指、小拇指相互配合，按住原料，以确保运刀平衡、准确。

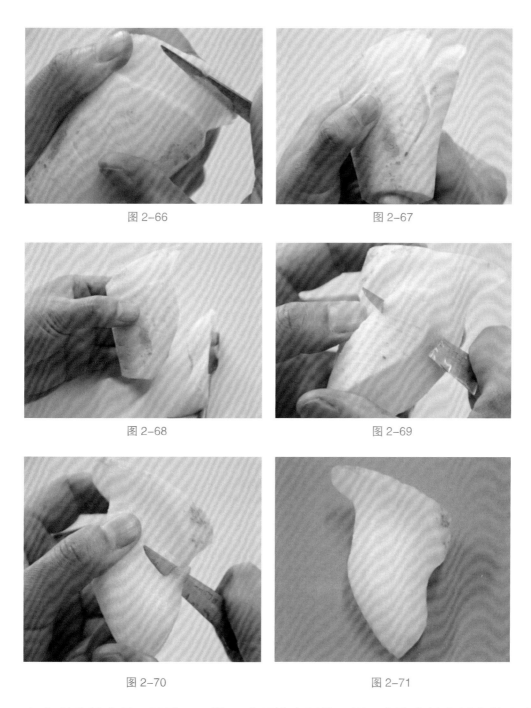

图 2-66

图 2-67

图 2-68

图 2-69

图 2-70

图 2-71

（3）刻花瓣内层。用平口刀沿 U 形凹槽内侧旋一圈，去除花瓣内层废料（见图 2-72、图 2-73、图 2-74）。继而用 U 形刀向纵深铲去多余废料，用平口刀旋薄旋平花瓣（见图 2-75），并将花瓣开口打开（见图 2-76）。

图 2-72

图 2-73

图 2-74

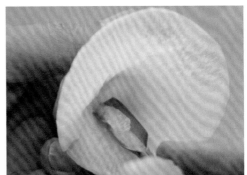

图 2-75

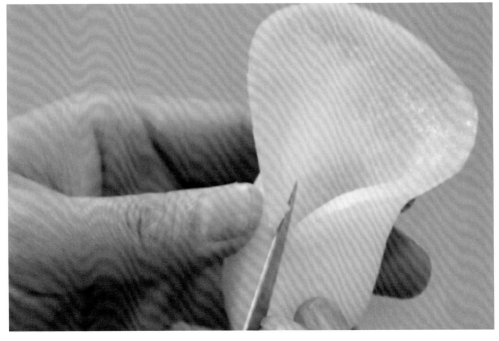

图 2-76

（4）刻花心（肉穗花序）。胡萝卜切厚约 8 毫米的片，修成大 S 形，用平口刀刻去花心的棱角（见图 2–77、图 2–78）。

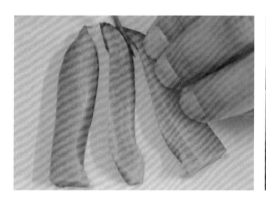

图 2–77   图 2–78

用 U 形刀在花坯的底部插一个圆洞，将胡萝卜花心插入即可（见图 2–79）。

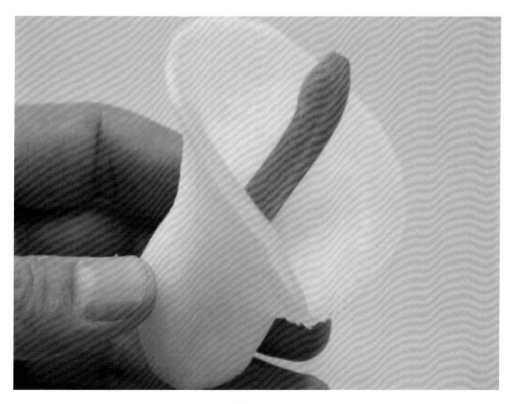

图 2–79

◆ 关键提炼

（1）平口刀与萝卜呈30°角切开，使坯料的外形与马蹄莲的外形基本一致（见图2-60）。

（2）花瓣在最低端时须切开，不能封口（见图2-76）。

（3）S形弧线自然、流畅，一刀到位，不能有太多停顿，刀面光滑平整。

（4）马蹄莲整体花形要柔美，亭亭玉立，婀娜多姿。

（5）花瓣薄而翻卷，显得轻盈洒脱。

◆ 创新拓展

利用U形刀与平口刀的配合，将花瓣刻出翻卷的效果，这种方法还常用于雕刻喇叭花（见图2-59）。

第二部分　项目实施

◆ **项目名称**

百花齐放

◆ **项目要求**

雕刻的花卉形象逼真，形态各异，色彩自然，搭配协调；项目设计合理、点缀装饰得体；分工明确，各负其责。

◆ **完成基础**

通过教学过程中的讲解、演示，学生已基本具备完成"百花齐放"项目的知识和技能，这些知识和技能详见表 2-1。

表 2-1　　　　　　　　　　　"百花齐放"项目完成基础

序号	知识技能基础	知识技能类型	知识技能获得	知识技能运用
（1）	月季花、大丽花、玫瑰花、蟹爪菊、马蹄莲	花卉类	项目二：百花齐放	直接运用于该项目
（2）	平口刀、U形刀、V形刀、切片刀外形、特点及使用方法	刀具知识	项目一：切雕工艺 项目二：百花齐放	运用于雕刻各种花卉
（3）	胡萝卜、白萝卜、心里美萝卜、南瓜等原料的特点	原料知识	项目一：切雕工艺 项目二：百花齐放	运用于雕刻各种花卉

◆ **资料查询**

（1）周文涌，张大中.食品雕刻技艺实训精解［M］.北京：高等教育出版社，2012：51–86.

（2）王冰.食品雕刻［M］.北京：中国轻工业出版社，2004：66–83.

（3）李凯.食品雕刻基础教程［M］.成都：四川科学技术出版社，2008：18–33.

（4）威海职业学院旅游系举办系列教学项目实践与大赛［EB/OL］.http://www.weihaicollege.com/news_detail.asp?id=14322.

（5）金太阳深圳开业庆典花篮网—深圳高端论坛类活动布置效果展示［EB/OL］.http://www.szhl98.com/view.asp?id=534.

◆ 佳作展示

"百花齐放"雕刻成品如图 2-80 所示。

图 2-80

点评：

　　白、红、黄、橙等色彩丰富，花篮、绿叶等点缀恰当，起到了"绿叶"的衬托作用。花卉逼真、自然，几可乱真。

◆ 评分标准

"百花齐放"项目评分标准见表 2-2。

表 2-2　　　　　　　　　　　　　　　　"百花齐放"项目评分标准

指标	总分	评分标准
雕刻质量	70	花瓣厚薄适当，层次分明，层次的角度控制较好。花形美观、多样，形象逼真，色彩自然。
设计创新	30	设计有创意，构图主次分明，疏密有致，较合理美观，色彩搭配和谐，能够体现百花齐放、姹紫嫣红的主题。

◆ 拓展项目

春暖花开、姹紫嫣红、春意盎然、迎宾花篮等。

鸟语花香

项目引入

鸟语花香指鸟叫得好听，花开得艳丽，形容春天的美好景象。清代李渔《比目鱼·肥遁》中记载："一路行来，山清水绿，鸟语花香，真个好风景也。"食品雕刻中常以鸟语花香这样的主题，表达环境优美、和谐自然的氛围。

项目目标

通过教师讲解与示范及学生完成项目过程中的探索与应用，使学生熟悉鸟类的体形结构、鸟类雕刻的基本方法及操作关键。要求学生能根据项目要求，灵活进行基本项目的设计、搭配，组合成一幅生动、富有情趣、春意盎然的"鸟语花香"主题作品。

项目任务

（1）完成小鸟的头、身体、尾巴、翅膀等各主要部位的雕刻。

（2）雕刻花卉、假山、树枝、树叶等作为主题配件。

（3）通过鸟和配件的合理设计、组装，完成"鸟语花香"主题作品的雕刻。

第一部分　素材积累

一、头及身体

◆ **原料选择**

胡萝卜（或白萝卜、南瓜等）。

◆ **刀具选用**

切片刀、平口刀、U形刀、V形刀。

◆ **雕刻刀法**

切、刻、插、抠。

◆ **雕刻过程**

（1）修坯料。胡萝卜的大头分别从两侧，各切掉一个三角形原料，刻出小鸟头部后面的轮廓。用平口刀刻出鸟的喙，从喙的下部开始刻出下巴，再向内弯曲凸出胸脯，并预留下爪的位置（见图3-1、图3-2）。

图3-1　　　　　　　　　　　　　　　　图3-2

（2）刻小鸟身体。用平口刀将鸟尾部稍修细一些，确定其身体的基本体形（见图3-3）；从头部开始，一气呵成，去除头、颈、背、尾部棱角，将其身体修圆润光滑（见图3-4、图3-5）。

图 3-3

图 3-4

图 3-5

（3）用 V 形刀铲出身体与尾巴的分隔线（见图 3-6），沿尾部线条，用 U 形刀插出尾部一层较短的羽毛（见图 3-7），薄薄去掉一层废料（见图 3-8），修出尾部大形（见图 3-9），继而插出一层较长的尾部羽毛（见图 3-10、图 3-11）。

图 3-6

图 3-7

图 3-8

图 3-9

图 3-10

图 3-11

（4）去掉尾下废料，鸟的身体就刻好了（见图 3-12）。

图 3-12

◆ 关键提炼

（1）初修成的坯料，要呈尖角形（见图 3-1）。

（2）修身体轮廓时，尾部要收拢，背部要凹进，尾部要翘起（见图3-2、图3-3）。

（3）修掉棱角，使其身体光滑柔和（见图3-4、图3-5）。

（4）插尾部羽毛时，运刀由浅入深，力度轻柔，使尾羽翘起，生动逼真。

◆ 创新拓展

运用插、刻等技法，通过图片等资源，可以进一步拓展雕刻黄鹂（见图3-13）、麻雀（见图3-14）等。

图 3-13

图 3-14

二、翅膀

◆ 原料选择

胡萝卜（或白萝卜、南瓜、心里美萝卜等）。

◆ 刀具选用

切片刀、平口刀、U形刀、V形刀。

◆ 雕刻刀法

刻、切、插。

◆ 雕刻过程

（1）在胡萝卜的两侧，切下两片原料，贴合在一起，修成关刀的形状（见图3-15），薄薄地去掉一层表皮（见图3-16）。

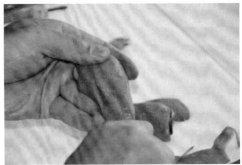

图 3-15   图 3-16

（2）用 V 形刀、U 形刀戳出翅膀上的绒羽（见图 3-17、图 3-18）。

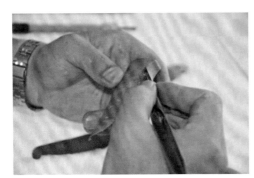

图 3-17   图 3-18

（3）用 3 号 U 形刀插出正羽（见图 3-19、图 3-20）。

图 3-19   图 3-20

（4）用 6 号 U 形刀铲掉下面的废料，取下翅膀（见图 3-21、图 3-22）。

（5）用同样的方法刻出左侧的翅膀。

图 3-21   图 3-22

◆ 关键提炼

（1）翅膀坯料要修成关刀的形状，翅根占整个翅膀长度的 1/3，翅尖占 2/3（见图 3-15）。

（2）胡萝卜表皮不要去除太多，要用胡萝卜的表层原料刻翅膀，经涨泡后，正羽反卷，更具动感（见图 3-16）。

（3）绒羽雕刻深浅适宜，层次分明（见图 3-17）。

（4）雕刻正羽时，注意通过角度变化，控制羽毛的方向，羽毛要适当上翘，使翅膀打开更加生动。

（5）成品可采用**密封保存法**①进行贮存，可保存较长的时间。

◆ 创新拓展

利用 V 形刀和 U 形刀，运用刻、插等技法，可以进一步拓展雕刻丹顶鹤（见图 3-23）、鸽子（见图 3-24）等鸟类的翅膀，此类翅膀显得舒展、洒脱。

图 3-23   图 3-24

---

① 密封保存法：是指在雕品表面涂上一层明胶液，冷凝后可使雕刻作品与空气隔绝，因此可以保存较长的时间。

三、鸟爪

◆ **原料选择**

胡萝卜（或白萝卜、南瓜、心里美萝卜等）。

◆ **刀具选用**

切片刀、平口刀、U形刀、V形刀。

◆ **雕刻刀法**

刻。

◆ **雕刻过程**

（1）胡萝卜修成梯形体作为坯料（见图3–25），在胡萝卜较厚的一端，斜削两刀（见图3–26）。

图 3–25

图 3–26

（2）内侧去除一块废料，修出后趾（见图3–27、图3–28）。

图 3–27

图 3–28

（3）将爪子前端平均分成三片（见图3-29），在每片上各修出一个爪趾（见图3-30、图3-31）。

图 3-29　　　　　　　　图 3-30　　　　　　　　图 3-31

（4）修去爪子上的棱角，使其更加圆滑光润（见图3-32）。

图 3-32

◆ 关键提炼

（1）爪趾呈自然弯曲状（见图3-32）。

（2）爪趾下端要刻出指肚（见图3-31）。

（3）爪趾前端要刻出爪尖（见图3-31）。

◆ 创新拓展

运用相似的技法，可以进一步模仿学习雕刻其他离趾足的雕刻方法，如鸡（见图3-33）；经拓展延伸，学习雕刻全蹼足的雕刻方法，如白鹅（见图3-34）。

图 3-33 图 3-34

四、假山

◆ 原料选择

南瓜（或白萝卜等）。

◆ 刀具选用

切片刀、平口刀、U 形刀、V 形刀、掏刀。

◆ 雕刻刀法

刻、抠、插。

◆ 雕刻过程

（1）取一段南瓜，用 6 号 U 形刀沿"S"形插出假山的大形（见图 3-35），用 4 号 U 形刀稍加修整，刻出山石的感觉（见图 3-36）。

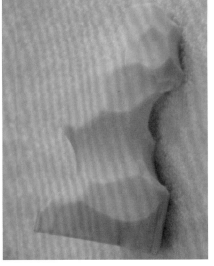

图 3-35 图 3-36

（2）用**掏刀**^①修出山石怪石嶙峋的感觉，并用掏刀掏出山洞等，使假山更加逼真自然（见图3-37、图3-38）。

图3-37　　　　　　　　　　　　　　　图3-38

◆ 关键提炼

（1）假山修外形轮廓时，用U形刀呈"S"形铲去废料（见图3-35）。

（2）假山要刻出怪石嶙峋的感觉，否则会显得死板、不自然（见图3-37）。

（3）6号U形刀修轮廓，4号U形刀和掏刀刻细节。

◆ 创新拓展

利用插和掏的技法，通过图片等资源，可以拓展雕刻各种造型的假山（见图3-39），也可以变换原料品种雕刻各种色泽、质地的假山（见图3-40）。

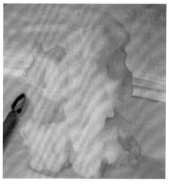

图3-39　　　　　　　　　　　　　　　图3-40

---

① 掏刀：刀面圆形，中空，直径大小不一，用于掏空、去废料、拉线条等。

第二部分　项目实施

◆项目名称

鸟语花香

◆项目要求

花卉颜色鲜艳，花形各异；花瓣、鸟形象逼真，平口刀雕刻技法与U形刀技法熟练配合使用，了解鸟类的雕刻方法。运用**组雕**①技法进行组配，颜色搭配合理自然。

◆完成基础

经过"百花齐放"项目的学习，学生已掌握多种花卉的雕刻方法，并可进一步拓展雕刻其他花卉；通过本项目的学习，学生已初步掌握了鸟的雕刻方法。这些都为本项目的完成奠定了基础。完成本项目需要具备的知识和技能详见表3-1。

表3-1　　　　　　　　　　　"鸟语花香"项目完成基础

序号	知识技能基础	知识技能类型	知识技能获得	知识技能运用
（1）	月季花、大丽花、玫瑰花、蟹爪菊等	花卉类	项目二：百花齐放	直接运用于该项目
（2）	牡丹花、梅花、野菊	花卉类	项目二：百花齐放	拓展雕刻，并运用于该项目
（3）	鸟身体、翅膀、鸟爪	鸟类	项目三：鸟语花香	直接运用于该项目
（4）	假山	景观	项目三：鸟语花香	可作为配饰运用于该项目

◆资料查询

（1）刘锐.琼脂雕［M］.哈尔滨：黑龙江科学技术出版社，2005：18.

（2）李顺才.食雕技法［M］.南京：江苏科学技术出版社，2004：45.

（3）周毅.周毅食品雕刻——花鸟篇［M］.北京：中国纺织出版社，2009：76.

（4）湖北日报视界网［EB/OL］.http：//pic.cnhubei.com/space.php?uid=320&do=album&picid=207061&goto=up.

（5）刘明.鸟语花香［EB/OL］.http：//www.baihe.gov.cn/Item/791.aspx.

---

① 组雕：也叫零雕整装，就是用几种颜色、品种各不相同的原料，分别雕刻出某个形体的各个部位，然后再集中组装成一个完整的物体形象。

◆ **佳作展示**

"鸟语花香"雕刻成品如图 3-41、图 3-42 所示。

图 3-41　　　　　　　　　　　　　　　　图 3-42

点评：

　　花卉造型优雅、大方；小鸟生动逼真，身体线条流畅。整个作品构图优美，色彩搭配自然，构成了一幅和谐有趣、鸟语花香的景致。

◆ **评分标准**

"鸟语花香"项目评分标准见表 3-2。

表 3-2　　　　　　　　　　　　　　**"鸟语花香"项目评分标准**

指标	总分	评分标准
雕刻质量	70	小鸟各部分身体比例合适、体形美观、栩栩如生、刀法合理、羽毛自然生动、翅膀舒展。花卉层次分明、花瓣完整、厚薄适宜、花型多样、造型各异。
设计创新	30	设计有创意，两只小鸟有互动，形成"鸟语"的动态；花儿鲜艳，数量适宜，芳香扑鼻；花与鸟和谐分布，形成鸟语花香的生动图画。

◆ **拓展项目**

喜鹊登梅、葵花鹦鹉、风戏牡丹等。

项目四

齐梅祝寿

项目引入

明、清两代的青花瓷器中，常见"齐梅祝寿"图，它是人们根据"举案齐眉"的故事，绘成一对绶带鸟（又称寿带鸟）双栖双飞在梅花与竹枝间，以双寓"齐"，以梅谐"眉"，以竹谐"祝"，以绶谐"寿"，寓意是夫妻恩爱相敬，幸福长寿。

项目目标

通过该项目教学，使学生进一步掌握鸟类的雕刻方法，特别是利用U形刀、拉刀相结合，推拉雕刻鸟类的翅膀，平口刀雕刻长尾羽的方法，为进一步拓展雕刻孔雀、喜鹊、丹顶鹤等的翅膀、尾巴打好基础。

项目任务

（1）完成两只寿带鸟的雕刻。

（2）完成假山、树枝、梅花等装饰配件的雕刻。

（3）按设计好的方案，将寿带鸟与其他配件，进行合理组配，完成"齐梅祝寿"主题作品的雕刻。

第一部分　素材积累

一、寿带鸟头部及身体

◆ **原料选择**

青南瓜（或老南瓜、萝卜、胡萝卜等）。

◆ **刀具选用**

切片刀、平口刀、拉刀、U形刀。

◆ **雕刻刀法**

刻、插、拉、批。

◆ **雕刻过程**

（1）用切片刀将青南瓜一端切成"V"形（见图4-1），用平口刀刻出鸟喙的轮廓（见图4-2）。

图 4-1 　　　　　　　　　　　　　　　　图 4-2

（2）在修出鸟喙的下缘后，刀顺势向下拉出寿带鸟的胸部线条，再用平口刀削[①]掉薄薄一层背部的青南瓜皮（见图4-3）。刻划出头后翎子的轮廓，并去掉废料（见图4-4）。

（3）用拉刀在翎子上拉出羽毛（见图4-5），用平口刀将翎子后端与身体分离，前端仍与头部连接（见图4-6）。

---

① 削：是指把雕刻的作品表面"修圆"，使其表面光滑、整齐的一种刀法。

图 4-3

图 4-4

图 4-5

图 4-6

（4）去掉翅子下面的一层废料，使翅子更加突出。平口刀顺势向后拉出寿带鸟背部的线条轮廓，使背部自然凸起，尾部向下收拢（见图 4-7、图 4-8）。

图 4-7

图 4-8

（5）用平口刀从鸟的两侧，以同样的方法，刻出鸟两侧的线条轮廓（见图 4-9），使中部（胸腹部）凸起，两端（头尾部）收拢，形成身体两侧的自然曲线（见图 4-10）。

图 4-9

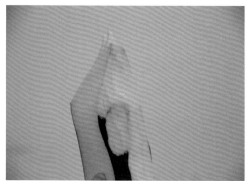
图 4-10

（6）将鸟背部、胸部及两侧的棱角修光滑圆润（见图4-11）。

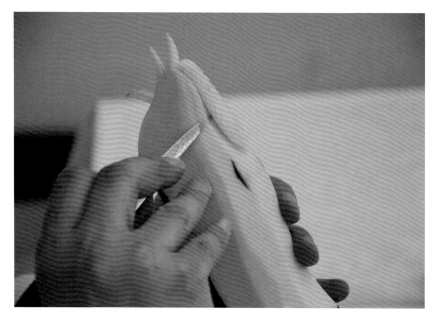
图 4-11

（7）用3号U形刀，在尾部，从中间向两侧**插**^①出尾部羽毛（见图4-12）。用拉刀拉出羽轴，**抠**^②除羽毛下面的一层废料（见图4-13）。用4号U形刀，在上层羽毛下层，以同样的方法插出第二层羽毛，用拉刀拉出羽轴，抠掉下面的一层废料（见图4-14）。

（8）刻出第二层羽毛下面的托，用于托住尾羽（见图4-15）。切掉下面的废料（见图4-16）。

———————————————————

① 插：多用U形刀或V形刀向内插入，刻出花瓣、鸟类羽毛、山石等，也可用此法去除废料。
② 抠：是指使用各种插刀或平口刀在雕刻作品的特定位置上，抠除多余的部分。

图 4-12   图 4-13   图 4-14

 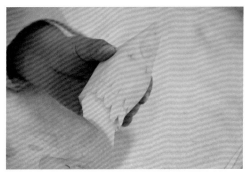

图 4-15   图 4-16

（9）从尾托下缘下刀，向前运刀（见图 4-17），刻出腹部线条（见图 4-18）。

图 4-17   图 4-18

（10）用平口刀沿上喙的上缘，去除棱角（见图 4-19），顺势拉出鸟眼部线条（见
图 4-20、图 4-21）。

图 4-19   图 4-20   图 4-21

（11）沿下喙的下缘，去除棱角，顺势去除鸟胸腹部的棱角（见图4-22）。

图4-22

（12）将身体修光滑，减少棱角（见图4-23），寿带鸟的头部及身体即成（见图4-24）。刻好的寿带鸟头部及身体可采用**维生素C保鲜法**①进行保存，以延长其保存时间。

图4-23

图4-24

◆ 关键提炼

（1）喙的前端要薄，后端要有一定的厚度；上喙及下喙均为向上拱起的弧（见图4-2）。

（2）鸟背部凸起，项后及尾部收拢；从两侧来看，胸腹部凸起，头尾部收拢凹进。形成鸟身体的曲线。

（3）刻头部翎羽时，去除瓜皮尽量要薄。

（4）插尾部羽毛时，要从中间开始，向两侧展开，手法要柔和，动作要连贯（见

① 维生素C保鲜法：是指在存放雕刻作品的冷水中加入适量维生素C，可以使作品较长时间地存放。

图 4–12)。

（5）去除腹部废料时，腹部线条轮廓要了然于胸，下刀连贯，一气呵成（见图 4–18）。

◆ 创新拓展

鸟类体形结构基本相似，可以根据寿带鸟头部及身体的雕刻方法，拓展雕刻老鹰（见图 4–25）、锦鸡（见图 4–26）等鸟类。

图 4–25   图 4–26

（图片来源：图 4–25：http：//www.tuku.cn/wallpapers/view.aspx?id=2838&type=2560x1600；图 4–26：http：//www.birdnet.cn/forum.php?mod=viewthread&tid=325709）

二、寿带鸟翅膀及尾巴

◆ 原料选择

青南瓜（或老南瓜、红薯、胡萝卜等）。

◆ 刀具选用

切片刀、平口刀、拉刀、U 形刀。

◆ 雕刻刀法

刻、插、拉。

◆ 雕刻过程

（1）将青南瓜切开，修成大刀的形状，去掉表皮（见图 4–27），用 3 号 U 形刀从中部下刀，沿边缘向根部插出绒羽，去掉底层废料。用同样的方法，插出第 2、3、4 层绒羽（见图 4–28、图 4–29）。

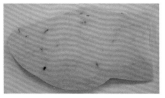

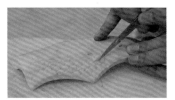

图 4-27   图 4-28   图 4-29

（2）换 4 号 U 形刀，沿翅膀边缘插出正羽（见图 4-30），逐渐向翅根方向移动，插出第一层正羽（见图 4-31）。

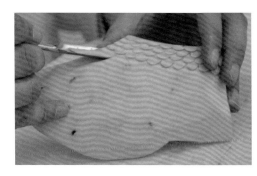

图 4-30   图 4-31

（3）用拉刀拉出正羽上的羽轴（见图 4-32），去除底层废料（见图 4-33、图 4-34）。

图 4-32   图 4-33   图 4-34

（4）运用同样的方法插出第 2 层正羽（见图 4-35），插到正羽根部时，U 形刀向斜下方插断原料（见图 4-36、图 4-37）。

图 4-35   图 4-36   图 4-37

（5）掰掉废料（见图 4-38）。

图 4-38

（6）用拉刀拉出正羽的羽轴（见图 4-39、图 4-40）。

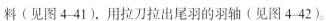

图 4-39   图 4-40

（7）将青南瓜表皮层修成长 30 厘米、宽 2.5 厘米、厚 0.3 厘米的长条形作为尾羽的坯料（见图 4-41），用拉刀拉出尾羽的羽轴（见图 4-42）。

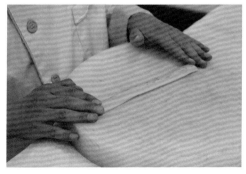

图 4-41   图 4-42

（8）用平口刀沿羽轴两侧刻划出羽丝（见图4-43、图4-44），用拉刀拉出细羽丝（见图4-45）。

图4-43　　　　　　　　　　图4-44　　　　　　　　　　图4-45

◆ **关键提炼**

（1）刻翅膀绒羽时，U形刀应顺着羽毛的方向，柔和地弧线插入（见图4-28）。

（2）绒羽要稍短，正羽宜较长。

（3）刻止羽时，U形刀插入要柔和连贯，运刀流畅（见图4-35）。

（4）刻翅膀羽毛和尾羽均要用南瓜的表皮刻，这样经涨泡后，羽毛易翻卷，显得更生动。

（5）刻尾羽羽丝时，羽丝方向向下，线条弯曲，不宜平直（见图4-44）。

◆ **创新拓展**

根据寿带鸟翅膀的雕刻方法，可以拓展雕刻各种鸟类的翅膀。以寿带鸟尾羽的雕刻方法为基础，可以拓展雕刻凤凰（见图4-46）、凤尾鸟（见图4-47）等。

图4-46　　　　　　　　　　图4-47

（图片来源：图4-45：http：//www.nipic.com/show/2/27/5688113k6daacfc1.html；图4-46：http：//www.ct2018.com/news/2014/7697.html）

第二部分　项目实施

◆ 项目名称

齐梅祝寿

◆ 项目要求

寿带鸟成双并有互动，头面部刻画细腻，生动逼真，形态自然，翅膀展开，尾羽长而张开，跃跃欲飞。梅树、梅花刻法简洁，刀工细致，竹穿插于整幅图景中，自然和谐。静态的梅树、梅花、竹叶与动态的寿带鸟组成一幅相映成趣、浑然一体的景观。

◆ 完成基础

经过本项目教学及前几个项目的实践，学生已基本具备完成"齐梅祝寿"项目的知识、技能基础，完成本项目需要的基础知识和技能详见表4-1。

表4-1　　　　　　　　　　"齐梅祝寿"项目完成基础

序号	知识技能基础	知识技能类型	知识技能获得	知识技能运用
（1）	寿带鸟头、身体、翅膀、尾羽	鸟类	项目四：齐梅祝寿	直接运用于该项目
（2）	大丽花	花卉类	项目二：百花齐放	运用U形刀，采用插的技法，拓展雕刻梅花
（3）	梅树图片、实物	树枝等配饰料	探索雕刻	创新探索雕刻梅树

◆ 资料查询

（1）周毅.周毅食品雕刻——花鸟篇［M］.北京：中国纺织出版社，2009：61.

（2）邓耀荣，陈洪波.果蔬雕刻教程［M］.广州：广东经济出版社，2003：42.

（3）刘锐.琼脂雕［M］.哈尔滨：黑龙江科学技术出版社，2005：64.

（4）朱诚心.冷拼与食品雕刻［M］.北京：中国劳动社会保障出版社，2014：110.

（5）李凯.食品雕刻基础教程［M］.成都：四川科学技术出版社，2008：49-51.

◆ 佳作展示

"齐梅祝寿"雕刻成品如图4—48所示。

图 4—48

点评：

　　寿带鸟高低错落，互动低鸣，形象生动。身体结构合理，比例恰当，刻画细致，刀工精细。构图美观，色彩搭配自然和谐。

◆ 评分标准

"齐梅祝寿"项目评分标准见表 4—2。

表 4—2　　　　　　　　　　　　　　　　"齐梅祝寿"项目评分标准

指标	总分	评分标准
雕刻质量	70	寿带鸟生动活泼，头面部刻画细致逼真，线条自然，停顿少，刀面细腻光滑不粗糙，羽毛清晰，结构合理，层次感强，既夸张大胆，又符合鸟类的生理特征。梅树、梅花形象生动，手法简洁。
设计创新	30	构图美观和谐，梅树、梅花、竹、寿带鸟分布合理，比例恰当，主体突出，主题鲜明。动静相映，虚实结合。

◆ 拓展项目

　　寿带山茶、鸟语花香、百年好合、相敬如宾等。

项目五

孔雀开屏

 项目引入

　　孔雀是吉祥、美丽、善良、华贵的象征，又有文明、祥和之意。传说中孔雀是"凤凰"的化身，象征美丽的女性容貌，而白孔雀更是象征美满的爱情。开屏孔雀则可表达主人以热情的姿态欢迎尊贵的客人。

 项目目标

　　通过该项目的教学，使学生进一步熟练掌握平口刀、U形刀、掏刀等刀具运用方法，灵活运用刻、旋、插等基本技法；运用相应技法，雕刻孔雀的头部、身体、翅膀、尾羽、爪子等各部位，并通过组合，雕刻出孔雀开屏的形态。进一步培养学生运用相应元素进行设计制作的能力。

 项目任务

　　（1）完成孔雀的头部、身体、翅膀、尾羽、爪子的雕刻。

　　（2）完成假山、花卉等配件的雕刻。

　　（3）结合自身知识和技能的积累状况，设计制作出孔雀迎宾的主题雕刻。

第一部分 素材积累

一、孔雀头部及身体

◆ 原料选择

青南瓜① 或白萝卜、心里美萝卜等（见图 5–1）。

◆ 刀具选用

切片刀、平口刀、U 形刀、V 形刀、拉刀（见图 5–2 左 1）、掏刀（见图 5–2 左 3）。

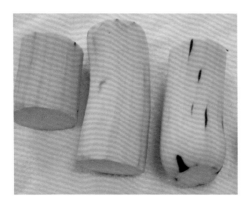

图 5–1   图 5–2

◆ 雕刻刀法

刻、旋、插、划。

◆ 雕刻过程

（1）修坯料。取原料，将用于雕刻头部和身体的原料，用 502 胶黏结在一起（见图 5–3）。用 U 形刀和主刀取出孔雀的轮廓外形（见图 5–4、图 5–5）。

（2）刻头及身体。从头部开始一气呵成刻出头、颈、背、尾的基本外形，用 V 形刀插出身体的羽毛（见图 5–6）。

（3）用 V 形刀插出身体与尾巴的分隔线，并用 U 形刀插出尾巴上第一层羽毛，薄薄去掉一层废料，修出尾巴底托，预留好尾巴位置（见图 5–7）。取青南瓜，切大薄片，黏结在底托上（见图 5–8）。

---

① 青南瓜：皮呈墨绿色，肉质淡黄，质地致密，常用于雕刻龙凤、人物、花卉等品种。

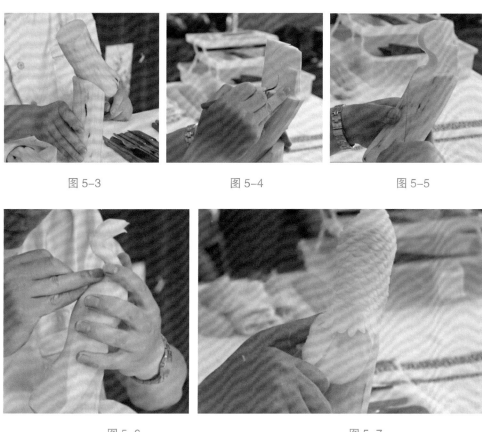

图 5-3   图 5-4   图 5-5

图 5-6   图 5-7

图 5-8

◆ **关键提炼**

（1）大块原料黏结的时候，要将两块原料按紧实，以防脱落（见图 5-3）。

（2）修整孔雀轮廓外形时，掌握鸟类的基本形态特征（见图 5-5）。

（3）雕刻孔雀身体羽毛，前后层羽毛之间要相互交错（见图 5-7）。

（4）雕刻身体，运刀要自然流畅，不宜多停顿，使身体光滑，线条柔美。

◆ **创新拓展**

根据孔雀头部及身体的雕刻方法，可以进一步创新、拓展雕刻鹦鹉（见图 5-9）、鸽子（见图 5-10）、喜鹊（见图 5-11）等鸟类身体；用 V 形刀雕刻鸟类羽毛的方法也可以进一步拓展雕刻鱼鳞、龙鳞（见图 5-12）等动物的鳞片。

图 5-9

图 5-10

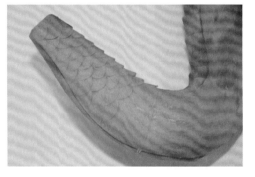

图 5-11

图 5-12

二、孔雀尾羽

◆ **原料选择**

青南瓜（或白萝卜、心里美萝卜等）、胡萝卜。

◆ 刀具选用

平口刀、拉刀、切片刀。

◆ 雕刻刀法

切、批、拉。

◆ 雕刻过程

（1）取一段原料修成等腰梯形，刻出尾羽的初坯（见图5–13）。

图 5–13

（2）在尾羽上，运用斜刀法批出羽毛（见图5–14），用切片刀批成厚约0.2厘米的大薄片（见图5–15）。

图 5–14   图 5–15

（3）用**拉刀**①（见图 5-16）在批出的羽毛片上拉出羽轴和羽枝（见图 5-17）。

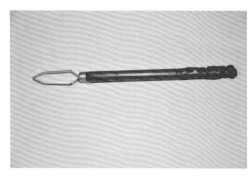

图 5-16

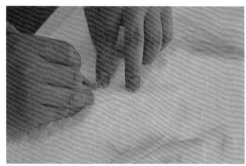

图 5-17

（4）将胡萝卜修成小圆柱形，切成薄片，用 502 胶黏在尾羽上（见图 5-18）。

图 5-18

◆ 关键提炼

（1）批尾羽大片时，须厚薄一致，约 0.2 厘米，太厚显得生硬，太薄则不够坚挺。

（2）胡萝卜也可以用其他原料代替，比如心里美萝卜、南瓜等，但颜色要鲜艳。

（3）尾羽批好后，要用水浸泡，使羽枝张开、坚挺。

---

① 拉刀：刀面为六边形，刀刃为 V 形或 U 形，因常以"拉"的方式雕刻原料得名。拉刀用于拉线条、拉羽毛、拉纹脉等。

◆ **创新拓展**

通过孔雀尾羽的学习，可进一步拓展雕刻凤凰（见图 5-19）、寿带鸟（见图 5-20）、锦鸡（见图 5-21）等鸟类的尾羽。

图 5-19　　　　　　　　图 5-20　　　　　　　　图 5-21

三、翅膀

◆ **原料选择**

青南瓜（或白萝卜、心里美萝卜等）、胡萝卜。

◆ **刀具选用**

平口刀、U 形刀、V 形刀。

◆ **雕刻刀法**

刻、插、抠。

◆ **雕刻过程**

（1）取青南瓜一段，修成关刀的形状，去掉表皮，用 V 形刀插出绒羽（见图 5-22）。

（2）用 U 形刀插出翅膀的正羽，抠掉下面的废料（见图 5-23、图 5-24）。

图 5-22

图 5-23 图 5-24

（3）取一块青南瓜，修成如图 5-25 的形状，用同样的方法，修出孔雀右侧的翅膀（见图 5-26、图 5-27）。

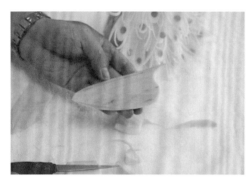

图 5-25 图 5-26

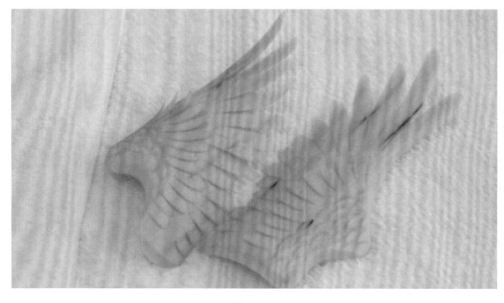

图 5-27

◆ 关键提炼

（1）要选择带皮青南瓜，薄薄地去除表皮，在紧贴表皮层雕刻羽毛（见图 5-22）。

（2）修翅膀轮廓时，修成关刀的形状，翅尖的长度为翅根长度的 2 倍（见图 5-22、图 5-23）。

（3）刻绒羽时，从翅膀的关节处下刀，由外向内，由前向后，逐层推进，层次清晰，下一层每一片羽毛都在前一层两片羽毛之间分布（见图 5-22、图 5-24）。

（4）插正羽时，顺着翅膀的弧线，柔和运刀，确保翅膀生动自然（见图 5-23）。

（5）用 U 形刀插正羽时，运刀要由浅入深，稍带弧度，使羽毛张开翘起，更加生动（见图 5-23）。

◆ 创新拓展

利用 V 形也与 U 形刀相配合的方法，可以进一步拓展雕刻鹰（见图 5-28）、凤凰（见图 5-29）等鸟类翅膀的雕刻。

图 5-28

图 5-29

第二部分　项目实施

◆ 项目名称

孔雀开屏

◆ 项目要求

雕刻的孔雀生动逼真，色彩搭配协调，各部分比例合理，点缀装饰得体，构图美观。

◆ 完成基础

通过本项目之前知识的学习，学生已经学会雕刻寿带鸟、凤凰等鸟类，具备了雕刻鸟类作品的基本技能。完成"孔雀开屏"项目的基本知识和技能详见表 5–1。

表 5–1　　　　　　　　　　　　　"孔雀开屏"项目完成基础

序号	知识技能基础	知识技能类型	知识技能获得	知识技能运用
（1）	凤凰	鸟类	项目三：丹凤朝阳	拓展延伸鸟类雕刻技能，并运用于雕刻孔雀
（2）	寿带鸟	鸟类	项目四：齐梅祝寿	拓展延伸鸟类雕刻技能，并运用于雕刻孔雀
（3）	月季花	花卉类	项目二：百花齐放	直接运用于该项目
（4）	孔雀头、身体、翅膀、尾羽	鸟类	项目五：孔雀开屏	设计、组合并运用于项目

◆ 资料查询

（1）欧阳锦 . 广东省拍 2013 春季艺术品拍卖会［EB/OL］. http://www.nipic.com/show/1/9/8363808k1a0d4e04.html.

（2）周毅 . 周毅食品雕刻 —— 花鸟篇［M］. 北京：中国纺织出版社，2009：53.

（3）李凯 . 食品雕刻基础教程［M］. 成都：四川科学技术出版社，2008：40–65.

（4）卫兴安 . 食品雕刻图解［M］. 北京：中国轻工业出版社，2014：22–25.

（5）邓耀荣，陈洪波 . 果蔬雕刻教程［M］. 广州：广东经济出版社，2003：38.

（6）朱诚心 . 冷拼与食品雕刻［M］. 北京：中国劳动社会保障出版社，2014：111–112.

◆ 佳作展示

"孔雀开屏"雕刻成品如图 5–30 所示。

图 5-30

点评：

色彩丰富，花卉、绿叶等点缀恰当，起到了"绿叶"的衬托作用。孔雀屏开大方，翩翩起舞，生动自然。

◆ 评分标准

"孔雀开屏"项目评分标准见表 5-2。

表 5-2　　　　　　　　　　　　　"孔雀开屏"项目评分标准

指标	总分	评分标准
雕刻质量	70	孔雀形象逼真，形态自然、生动，身体比例协调，线条流畅。绒羽、正羽雕刻方法正确，基本符合孔雀的生理结构。尾羽大方，色彩搭配合理，衔接无痕迹。翅膀展开洒脱、飘逸。
设计创新	30	有创意，能够准确体现项目主题，具有一定的文化内涵，构图美观自然，张弛有度，色彩搭配和谐。

◆ 拓展项目

玉兰孔雀、孔雀迎宾等。

丹凤朝阳

 项目引入

凤凰是中国传说中的一种瑞鸟，"百鸟朝凤"就是把凤凰作为了百鸟中的尊贵者。凤凰与龙一起构成的"龙凤文化"，是中国传统特色文化的代表。在食品雕刻中，"龙凤呈祥"、"丹凤朝阳"等常作为宴会主题雕刻作品。

 项目目标

通过该项目的教学，学生应学会熟练运用切片刀、平口刀、U形刀，掌握拉刀的运用方法，掌握刻、拉、推等基本技法，雕刻出凤凰，并能通过设计和背景元素的搭配，制作丹凤朝阳的主题作品。在完成该项目的基础上，学生还能拓展相似元素的雕刻，如：公鸡头部、鸳鸯头部等各种鸟类头部的雕刻；进一步掌握鸟类翅膀、爪子的雕刻。

 项目任务

（1）完成凤凰主体、头部、羽毛、翅膀几个重要部件的雕刻。

（2）完成假山、花卉、树叶、鸟等配件的雕刻。

（3）通过将凤凰和其他配件的合理组装，形成能表现吉祥如意、和谐、太平的主题雕刻作品。

第一部分 素材积累

一、凤凰主体

◆ 原料选择

青南瓜（见图 6-1）。

◆ 刀具选用

切片刀、平口刀、V 形刀、拉刀、掏刀、画笔（见图 6-2）。

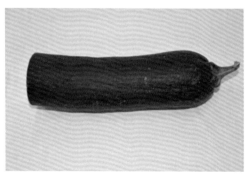

图 6-1

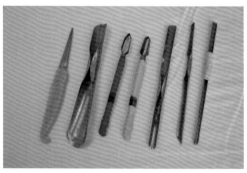

图 6-2

◆ 雕刻刀法

刻、拉、插、画。

◆ 雕刻过程

（1）修主体坯料。挑选实心的青南瓜做凤凰的主体，用切片刀切取 20 厘米长段（见图 6-3），用平口刀将其修成圆滑弧面（见图 6-4）。

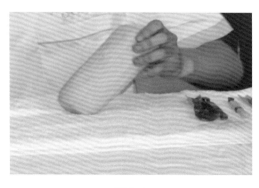

图 6-3

图 6-4

（2）在距坯体最前端3厘米处开始，用画笔画出凤凰颈部。沿着轮廓线，用大号掏刀掏①掉颈部废料，成"S"形弯曲状（见图6-5），大形出来后，用平口刀将颈部修平滑（见图6-6）。

图 6-5　　　　　　　　　　　　　　　　图 6-6

（3）雕刻凤凰头。刻出凤凰的额头、喙的大体轮廓（见图6-7、图6-8），在头顶部刻出向上翘起的冠。再在下喙根部下方，刻出波浪形肉垂，修出脸部和眼睛的轮廓（见图6-9、图6-10）。

 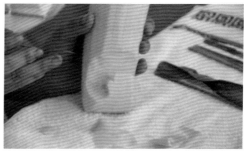

图 6-7　　　　　　　　　　　　　　　　图 6-8

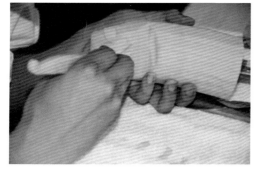 

图 6-9　　　　　　　　　　　　　　　　图 6-10

---

① 掏：横握掏刀，抠去原料中废料的方法。

（4）雕刻凤凰身体。用平口刀修出凤凰身体的大致形状，在主体 1/2 处收腰，粗细是胸腹部的 1/2，运刀流畅，用砂纸把棱角打圆滑（见图 6-11、图 6-12）。

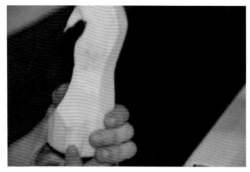
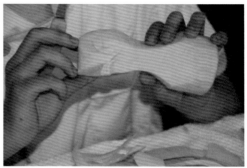

图 6-11

图 6-12

（5）雕刻颈部羽毛。用 1 号 **V 形刀**[①]在颈部插出颈部第一层细羽毛，细羽毛的长度约 1 厘米长，用平口刀紧贴颈部去掉废料（见图 6-13），再用 1 号 V 形刀继续插出第二层羽毛，约 1.5 厘米长，去掉废料（见图 6-14）。

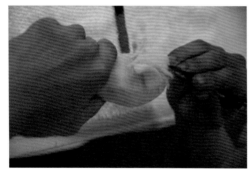

图 6-13

图 6-14

取一块宽 5 厘米、长 15 厘米的南瓜，用拉刀拉出约 3 厘米的羽状，用平口刀取下（见图 6-15、图 6-16）。

取下的颈部羽毛在水中浸泡，使其变韧，翘起。然后环绕在颈部，并用胶水固定（见图 6-17、图 6-18）。

---

① V 形刀：通常两头有刃，刀刃呈 V 形，一套刀常有 4 种刀刃，大小不一，由小到大依次称作 1 号 V 形刀至 4 号 V 形刀，刻出的刀纹呈 V 形，常用于雕刻尖形花瓣、鸟类羽毛和刻线条等。

图 6-15

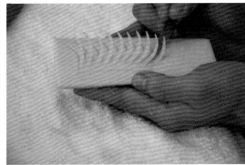

图 6-16

图 6-17

图 6-18

◆ **关键提炼**

（1）凤凰头部、身体的比例为 1∶2。

（2）凤凰的形态高贵典雅、有气质，颈部不能粗短。

（3）头部细节刻画细致、自然、不粗糙。

（4）运刀自然流畅，不宜多停顿，以确保凤凰颈部、头部外形轮廓平整、光滑。

（5）颈部羽毛用 V 形刀刻出，注意掌握深浅，控制长度，使作品有层次感。

◆ **创新拓展**

利用凤凰头部雕刻的方法，可进一步拓展雕刻公鸡（见图 6-19）、鸳鸯（见图 6-20）。

利用额头、嘴巴的雕刻方法可以拓展雕刻其他鸟类作品，如麻雀（见图 6-21）。

图 6-19   图 6-20   图 6-21

二、凤凰翅膀

◆ 原料选择

青南瓜（见图 6-22）。

◆ 刀具选用

切片刀、平口刀、U 形刀（见图 6-23）。

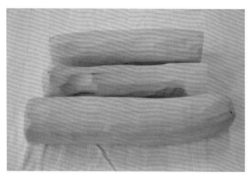

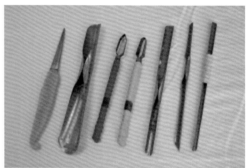

图 6-22   图 6-23

◆ 雕刻刀法

刻、插、抠。

◆ 雕刻过程

（1）修坯料。切一块 3～4 厘米厚的原料，将其一边刻成圆弧形，另一边刻出"S"形翅膀骨架轮廓，然后将坯料刻出波纹形态，并削薄，使各处厚度不超过 1.5 厘米（见图 6-24、图 6-25）。

图 6-24

图 6-25

（2）刻羽毛。用小号 V 形刀推出翅膀前端绒羽（见图 6-26）。再用 U 形刀，在绒羽的下端插出正羽，用平口刀除去废料。再用 4 号 U 形刀插出第二层正羽，用平口刀除去废料；用 4 号 U 形刀推出第三层正羽，注意三层正羽长度要自然递增，有层次感。

用平口刀将刻好的翅膀取下，修整背面，使其光洁整齐（见图 6-27）。

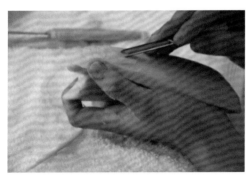

图 6-26

图 6-27

◆ 关键提炼

（1）凤凰翅膀的长度与身体长度要协调，一般翅膀与身体的比例为 1∶1。

（2）羽毛要有层次感，长度要适当递增，内侧羽毛和外侧羽毛的长度也要合理。

（3）头部细节刻画细致、自然、不粗糙。

（4）羽毛背面要修平整、光洁、不粗糙。

（5）羽毛用 U 形刀刻出，羽毛的角度随翅膀的方向而改变。

◆ 创新拓展

翅膀的形态可以为展开型、闭合型、混合型，需要根据作品的要求进行设计；另外，利用翅膀的雕刻方法，可进一步拓展雕刻各种鸟类翅膀（见图 6-28、图 6-29、图 6-30）。

图 6-28   图 6-29   图 6-30

三、凤凰尾羽、爪子

◆ 原料选择

青南瓜（见图 6-31）。

◆ 刀具选用

切片刀、平口刀、V 形刀、拉刀（见图 6-32）。

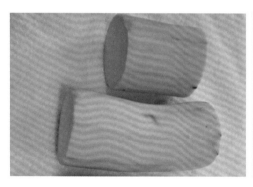 

图 6-31   图 6-32

◆ 雕刻刀法

刻、拉、插。

◆ 雕刻过程

（1）刻细羽。取一块南瓜，先用平口刀画出羽毛的大形（见图 6-33），用拉刀拉^①出

---

① 拉：握笔法紧握拉刀，向外拉动的技法。常用于拉出羽毛、线条、纹路、叶脉等。

羽毛的细羽，细羽的角度掌握均匀。用平口刀取下（见图6-34），刻好之后及时放在水中浸泡。

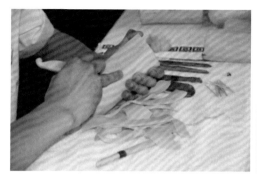

图6-33

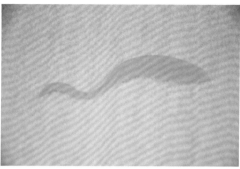

图6-34

（2）刻主羽。取一块南瓜，先将其用切片刀切成厚1厘米、宽2厘米、长15厘米的片。再用平口刀修出形似数字"3"的羽毛大形（见图6-35、图6-36）。注意：线条一定要流畅。

图6-35

图6-36

用平口刀在坯料上从上到下，分别从两侧刻出前薄后厚的片，去掉废料，依次刻完。再用平口刀将坯料横向批成0.2厘米厚的片，制成尾羽（见图6-37、图6-38）。

图6-37

图6-38

（3）刻爪子。取一根胡萝卜切成高 0.5 厘米、宽 2 厘米的片状（见图 6-39）。修出爪子的大致形状（见图 6-40）。用平口刀刻出爪子的掌肉，使爪子更为逼真。

图 6-39

图 6-40

刻出前趾，注意内趾、中趾、外趾不要一样齐，以使其显得更加生动、逼真，刻好后放入水中浸泡（见图 6-41、图 6-42）。

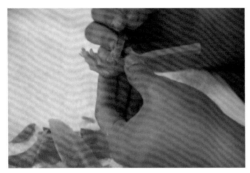

图 6-41

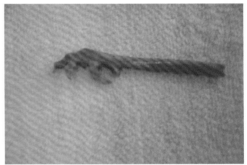

图 6-42

◆ 关键提炼

（1）在刻细羽时，羽毛细腻，顺着一个方向。

（2）主羽有层次感，刻好后泡水，使其翻翘起来，看起来更逼真、自然。

（3）要注意爪子骨骼的刻画，注意骨节的比例，爪子下部的掌肉要刻画出来。

◆ 创新拓展

羽毛还可以用老南瓜皮进行雕刻。南瓜皮有韧性，做成的羽毛自然翻翘。也可用雕刻孔雀羽毛的方法来雕刻凤凰的羽毛（见图 6-43）。

图 6-43

食品雕刻项目化教程

第二部分　项目实施

◆ **项目名称**

丹凤朝阳

◆ **项目要求**

雕刻的凤凰栩栩如生，合理搭配主题元素，能突出丹凤朝阳的主题。项目设计合理，作品色彩自然，点缀装饰得体，搭配协调。项目实施过程中，分工明确，各负其责。

◆ **完成基础**

经过"鸟语花香"、"齐梅祝寿"、"孔雀开屏"等项目的学习，学生已基本掌握鸟类的雕刻方法；项目"百花齐放"的学习，也使学生掌握了常见花卉的雕刻方法，并可进一步拓展雕刻其他花卉。完成本项目需要的基本知识和技能详见表6-1。

表6-1　　　　　　　　　　"丹凤朝阳"项目完成基础

序号	知识技能基础	知识技能类型	知识技能获得	知识技能运用
（1）	寿带鸟	鸟类	项目四：齐梅祝寿	拓展雕刻凤凰，并运用于该项目
（2）	孔雀	鸟类	项目五：孔雀开屏	拓展雕刻凤凰，并运用于该项目
（3）	月季、玫瑰、大丽花、马蹄莲、菊花	花卉类	项目二：百花齐放	直接运用于该项目
（4）	假山	景观	项目三：鸟语花香	可作为配饰运用于该项目

◆ **资料查询**

（1）李凯．食品雕刻基础教程［M］．成都：四川科学技术出版社，2008：62-63.

（2）阎红，王兰．中西烹饪原料［M］．上海：上海交通大学出版社，2011：99.

（3）周文涌，张大中．食品雕刻技艺实训精解［M］．北京：高等教育出版社，2012：133-137.

（4）周毅．周毅食品雕刻——花鸟篇［M］．北京：中国纺织出版社，2014：93-94.

（5）邓耀荣，陈洪波．果蔬雕刻教程［M］．广州：广东经济出版社，2003：47.

◆ 佳作展示

"丹凤朝阳"雕刻成品如图 6-44 所示。

图 6-44

点评:

　　凤凰形态逼真，造型自然，跃然欲飞。配以花、叶、假山的装饰，搭配合理，花与凤之间遥相呼应，生动有趣。

◆ 评分标准

"丹凤朝阳"项目评分标准见表 6-2。

表 6-2 　　　　　　　　　　　　　　"丹凤朝阳"项目评分标准

指标	总分	评分标准
雕刻质量	70	凤凰身体各部分比例恰当，雕刻精细，不粗糙、无断裂、翅膀、羽毛层次分明。细节刻画细腻，形象逼真，形态自然。
设计创新	30	元素选择合理、美观，设计有创意，构图主次分明，疏密有致，较合理美观，色彩搭配和谐，能够体现凤凰美丽、高贵的形态，突出"丹凤朝阳"的主题。

◆ 拓展项目

龙凤呈祥、龙飞凤舞、腾蛟起凤、百鸟朝凤、凤鸣朝阳、龙跃凤鸣等。

项目七

牡丹瓜灯

 项目引入

瓜灯是运用各种雕刻技法，在瓜皮上雕刻各种凸环、书法、花卉或动植物图案。形态有平面，有镂空，丝丝相扣，环环相套，不仅可供欣赏，还可烘托宴会气氛，提升菜品档次。在宴席中瓜灯以观赏性为主，是我国食品雕刻技艺中的一朵奇葩。

 项目目标

通过该项目的教学，掌握刻线刀、分规等雕刻工具的外形特点，并熟悉这一类特殊工具的握刀姿势和运用方法。掌握雕刻圆形套环、半圆形套环、瓜灯花边等基本技法。能较熟练地使用这些刀具，运用相应技法，雕刻出瓜雕类作品；能通过设计、制作有关主题瓜雕作品。

 项目任务

（1）利用镂空网格、手工插环、圆形及半圆形凸环、装饰花边等造型元素完成西瓜灯套环的雕刻。

（2）完成西瓜牡丹的雕刻。

（3）设计并完成上中下三层瓜雕有机结合的瓜灯作品。

第一部分　素材积累

一、瓜瓣牡丹

◆ 原料选择

绿皮红瓤西瓜[①]（见图 7-1）。

◆ 刀具选用

V 形刀、平口刀、分规、U 形刀（见图 7-2）。

图 7-1

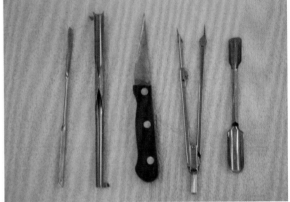

图 7-2

◆ 雕刻刀法

刻、插、削、划、镂空等。

◆ 雕刻过程

（1）刻圆环。在西瓜高度的 1/2 处，用分规划出 2 个环绕西瓜的圆环，两个圆环相距 1.5 厘米；再在其高度的 1/5 处，用同样的方法再刻 2 个圆环（见图 7-3）。

（2）刻网格线。用 V 形刀在西瓜表面刻出阴纹网格（见图 7-3、图 7-4），用平口刀在网格中沿网格内侧插入瓜皮深处（见图 7-5）。注意：靠近圆环的网格不需要用平口刀插透。

---

① 西瓜：又称灵瓜、青灯瓜、夏瓜、水瓜等，原产于非洲，五代时传入我国。西瓜果实较大，呈椭圆形或圆形，皮色浓绿（见图 7-1）、绿白或绿中夹蛇纹，其瓜瓤是由胎座发育而成，果肉多汁而味甜，呈鲜红、淡红、黄白或白色，有瓜籽或无瓜籽。食品雕刻所选用的西瓜，以形态完整、色泽墨绿、皮厚、外皮光滑、瓜瓤椭圆为好，常用于瓜盅、瓜灯等作品的雕刻。《扬州画舫录》记载用西瓜皮镂，可为人物、花卉、虫鱼之戏，技法相当高超。

图 7-3

图 7-4

图 7-5

（3）刻插环孔、瓜条。用 U 形刀在靠近圆环的网格中，用 U 形刀插出等距离圆孔（见图 7-6），用 V 形刀在瓜皮上取出瓜皮长条（见图 7-7）。

图 7-6

图 7-7

（4）刻牡丹花。用平口刀沿上层圆环，环切一刀，深度约 0.5 厘米（见图 7-8），用平口刀削去瓜皮（见图 7-9）。

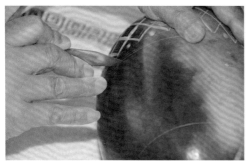

图 7-8

图 7-9

将瓜环分成 7 等分，用平口刀从每等分瓜瓤底部，刻成刀深 4 厘米左右的半圆弧，并抠掉半圆弧内瓜瓤（见图 7-10），再贴着半圆弧内侧，采用抖刀法刻出牡丹花瓣，即完成第一层花瓣。然后在两片花瓣的中间，用旋刀法，抠去瓜瓤（废料）（见图 7-11），再用雕刻第一层花瓣的雕刻手法，刻出第二层、第三层，直至瓜瓤顶部，即为鲜艳的瓜瓤牡丹（见图 7-12、图 7-13）。

图 7-10

图 7-11

图 7-12

图 7-13

（5）去瓜盖、瓜瓤。用平口刀沿底部圆环，切掉西瓜底盖（见图7–14），取出底部瓜瓤（见图7–15、图7–16）。

（6）网格镂空、插瓜环。用U形刀的刀柄，抵掉网格中的瓜皮部分，即为**镂空雕**[①]网格造型（见图7–17）；将瓜皮长条交叉插入圆孔中，呈凸环状（见图7–18）；完成上部牡丹造型（见图7–19）。

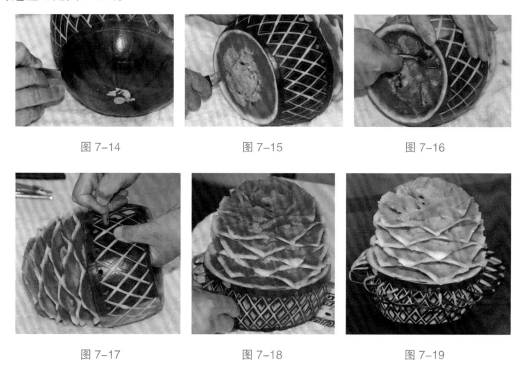

图7–14   图7–15   图7–16

图7–17   图7–18   图7–19

◆ 关键提炼

（1）选用形态完整，外皮光滑，绿皮红瓤，椭圆形西瓜为佳（见图7–1）。

（2）花瓣层次分明，花心收拢自然。

（3）两片花瓣之间的废料要去除干净。

（4）谨慎去除底部瓜瓤，不要损坏上部的牡丹花。

◆ 创新拓展

以西瓜为原料，通过削、刻、旋等雕刻手法，利用各种图片资源，可拓展雕刻玫瑰花（见图7–20）等花卉；也可采用**浮雕**[②]等技法，在西瓜皮上刻出人物（见图7–21）、鸟类、兽类等图案。

[①] 镂空雕：是在瓜体表面刻出平面雕或浮雕表现图案的基础上，挖空瓜瓤，将瓜体不需要表现的部分镂空刻透，并在瓜体内点燃光源，专供欣赏的瓜雕作品。

[②] 浮雕：指在原料（如西瓜、冬瓜、南瓜）的表面向外凸出或向内凹进刻出各种花纹图案，这样的雕刻方法称为浮雕。

图 7-20 图 7-21

二、凸环瓜灯①

◆ 原料选择

绿皮红瓤西瓜（见图 7-1）。

◆ 刀具选用

V 形刀、刻线刀、平口刀、分规、U 形刀（见图 7-2）。

◆ 雕刻刀法

刻、插、削、划、镂空等。

◆ 雕刻过程

（1）画图。用**分规**②在西瓜距顶端 1/5 处画出两个圆环，两个圆环相距 3 厘米；以同样的方法在距底端 1/5 处再画两个圆环。画出圆形凸环（见图 7-22、图 7-23）、半圆窗图案（见图 7-24）。

图 7-22

---

① 瓜灯是运用各种雕刻技法，在瓜皮上雕刻成各种凸环、书法、花卉等图案，形态有平面、有镂空，不仅供欣赏，还可烘托宴会气氛。

② 分规：与圆规相似，但其两只脚都是金属尖，在食品雕刻中常用于雕刻瓜盅、瓜灯时画圆环、定位，也常用于确定作品的比例。

（2）刻花边。在西瓜顶端两个圆环之间，用 V 形刀插出一圈阴纹花边。用同样的方法插出底端的花边（见图 7-25、图 7-26）。

（3）刻凸环。用**刻线刀**[①]沿两条呈 90°的半径及对应的凸环圆弧构成的扇形铲起瓜皮（距圆心约 1 厘米处收刀，不要铲断）（见图 7-27）。在铲起的两条相邻半径外侧，铲起内扣的环（距圆环约 1 厘米处收刀，不要铲断）（见图 7-28、图 7-29）。

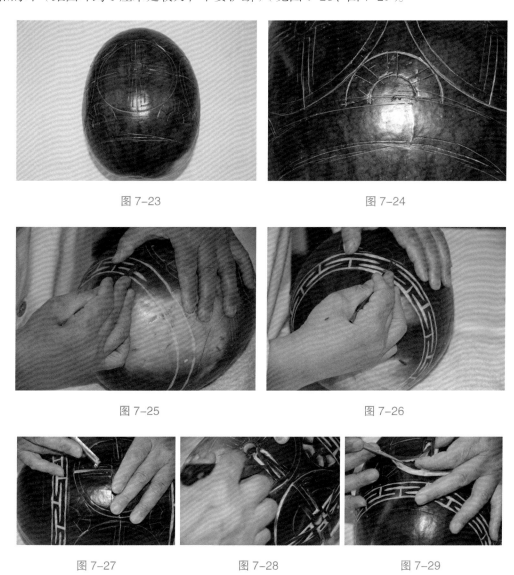

图 7-23

图 7-24

图 7-25

图 7-26

图 7-27

图 7-28

图 7-29

---

① 刻线刀：长 20 厘米，柄身与 U 形戳刀相似，两端左则各有突出的小弯钩，主要用于雕刻瓜灯、瓜盅等各种复杂的套环。

（4）用**波浪形刀**①（或 U 形刀）沿顶部花边外侧插入瓜瓤（见图 7-30），去掉西瓜顶部瓜盖，挖出瓜瓤（见图 7-31、图 7-32）。

图 7-30　　　　　　　　　　图 7-31　　　　　　　　　　图 7-32

（5）镂空半圆窗。用平口刀沿半圆窗口插入，用 U 形刀木柄抵去半圆窗中多余的瓜皮，镂空半圆窗口（见图 7-33）。

图 7-33

（6）用平口刀小心挑起铲起的瓜皮，在圆环内部沿小圆环（半径是大圆环的一半），切断瓜皮（见图 7-34）。用 U 形刀沿中心小圆的圆周插入瓜皮，抠掉圆心（见图 7-35）。

---

① 波浪形刀：长 18 厘米，两端 U 形刀口呈波浪形态，主要用于西瓜花边上方瓜盖切口的制作或其他波浪形花纹。

图 7-34   图 7-35

（7）从西瓜内部轻轻向外推，将圆环凸出于西瓜之外（见图 7-36）。以同样的方法，刻好并推出其他圆形凸环（见图 7-37）。

图 7-36   图 7-37

◆ 关键提炼

（1）选用形态完整，外皮光滑，绿皮红瓤，椭圆形西瓜为佳（见图 7-1）。

（2）在西瓜表面设计的图案应比例协调、对称。

（3）刻线刀刀刃锋利。

（4）使用刻线刀刻出各种套环时要细心，防止刻坏瓜皮，影响美观。

（5）下刀干净利落，才能达到镂空雕刻的流畅造型。

◆ 创新拓展

运用刻、插、镂空等雕刻手法，可拓展雕刻鹤鸣瓜灯（见图 7-38）、西瓜盅（见图 7-39）等作品，也可以变换原料，雕刻**冬瓜**①盅（见图 7-40）等。

———————————————

① 冬瓜：又称枕瓜、水瓜，分为小果型、大果型两类。其肉厚实，皮绿肉白，内有瓤。雕刻时多利用皮内、皮外颜色对比鲜明的特点雕刻冬瓜盅或冬瓜灯，也可用来雕刻花卉、花篮等。

图 7-38   图 7-39   图 7-40

三、瓜灯底座

◆ **原料选择**

绿皮红瓤西瓜（见图 7-1）。

◆ **刀具选用**

V 形刀、刻线刀、平口刀、分规、U 形刀（见图 7-2）。

◆ **雕刻刀法**

刻、插、削、划、镂空等。

◆ **雕刻过程**

（1）画图。用分规在西瓜顶部 1/3 处画出 2 个圆环（见图 7-41）和 6 个同样大小的半圆环（见图 7-42）。

图 7-41   图 7-42

（2）用 V 形刀刻出西瓜花边（见图 7–43）。

图 7–43

（3）刻半圆凸环。将刻线刀嵌入瓜皮内，沿着圆规画好的半圆形凸环图案，细心地刻出半圆环（距中心 1 厘米处收刀，不要铲断）（见图 7–44）。用同样的方法，铲出内扣的环（见图 7–45）。

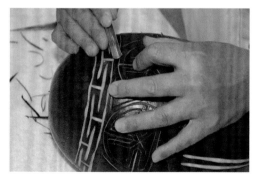
图 7–44

图 7–45

（4）刻座脚。用波浪形刀等距离地深深插入瓜内，刻出底部座脚（见图 7–46），用 4 号 U 形刀铲出鱼鳞纹（见图 7–47）。

图 7-46　　　　　　　　　　　图 7-47

（5）打开西瓜，挖去瓜瓤（见图 7-48）。

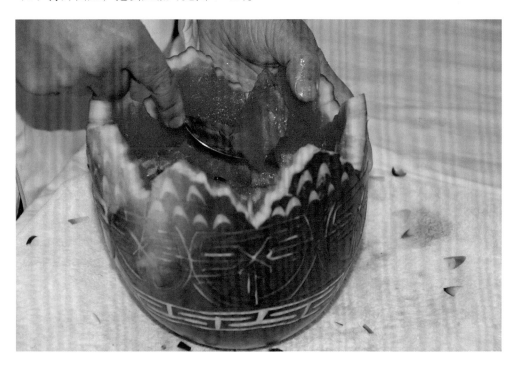

图 7-48

（6）用波浪形刀沿花边深深地插入西瓜（见图 7-49），揭掉瓜盖，去尽瓜瓤（见图 7-50）。

图 7-49   图 7-50

（7）分离凸环。用平口刀在半圆环中部切断瓜皮，将凸环与瓜身分离（见图 7-51、图 7-52），推出凸环，呈镂空立体状（见图 7-53、图 7-54）。

图 7-51   图 7-52

图 7-53   图 7-54

◆ 关键提炼

（1）选用形态完整，外皮光滑，无疤痕，绿皮红瓤，椭圆形西瓜为佳（见图 7-1）。

（2）在西瓜表面设计的图案应比例协调、对称。

（3）刻线刀刀刃锋利。

（4）使用刻线刀刻出各种套环时要细心，防止刻坏瓜皮，影响美观。

（5）下刀干净利落，才能达到镂空雕刻的流畅造型。

◆ 创新拓展

以西瓜、冬瓜等原料，通过插、削、刻、镂空等雕刻手法，可进一步拓展雕刻镂空型（见图 7-55）或浮雕型（见图 7-56）瓜灯底座。

图 7-55   图 7-56

第二部分　项目实施

◆ 项目名称

牡丹瓜灯

◆ 项目要求

雕刻的瓜灯浑然一体，上部插环、中部圆环、底部半圆环相互呼应，环环相扣。瓜皮色彩一致、青翠碧绿，牡丹花富贵娇艳，网格、窗格镂空造型精致、刀法简洁，拉环无断裂。

◆ 完成基础

学生通过本项目元素积累环节的学习，已奠定完成该项目的知识和技能基础。完成本项的基础知识和技能详见表7–1。

表 7–1　　　　　　　　　　"牡丹瓜灯"项目完成基础

序号	知识技能基础	知识技能类型	知识技能获得	知识技能运用
（1）	牡丹花	花卉雕刻	项目二：百花齐放	以月季花雕刻为基础，拓展雕刻瓜瓤牡丹
（2）	瓜瓤牡丹	花卉雕刻	项目七：牡丹瓜灯	元素积累环节学习、实践，雕刻作品直接运用于该项目
（3）	凸环瓜灯	瓜灯雕刻	项目七：牡丹瓜灯	元素积累环节学习、实践，雕刻作品直接运用于该项目
（4）	瓜灯底座	瓜灯雕刻	项目七：牡丹瓜灯	元素积累环节学习、实践，雕刻作品直接运用于该项目

◆ 资料查询

（1）李凯.食品雕刻基础教程［M］.成都：四川科学技术出版社，2008：79–82.

（2）朱诚心.冷拼与食品雕刻［M］.北京：中国劳动社会保障出版社，2014：128–131.

（3）王慧良，车梦麟，郝秉钊等.瓜雕［M］.上海：上海科学普及出版社，1997.

（4）快乐驿站.食品雕刻全集［EB/OL］. http://v.ku6.com/show/V–ST1dMte6leJLJD.html.

（5）朱君，张小恒.西瓜灯雕刻技术概要.烹调知识［J］. 2000（1）：44–47.

◆ 佳作展示

"牡丹瓜灯"雕刻成品如图7–57所示。

图 7-57

点评：

　　瓜灯造型新颖，结构合理，主题突出，线条流畅，技法娴熟，工艺精湛。

◆ 评分标准

"牡丹花灯"项目评分标准见表 7-2。

表 7-2　　　　　　　　　　　　　　"牡丹花灯"项目评分标准

指标	总分	评分标准
雕刻质量	70	牡丹鲜艳，层次感强，生动逼真。瓜灯凸环形态完整，凸出瓜面，立体感强。凸环及网格、窗格共同构成瓜灯镂空效果，通透感强。凸环完整，无断裂。
设计创新	30	设计合理，组合稳重，搭配有一定的创新，凸环凸出自然和谐，整体造型美观大方，色彩搭配合理，能很好地反映出主题。

◆ 拓展项目

迎宾瓜灯、花篮瓜灯、鹤鸣瓜灯等。

项目八

雁塔题名

 项目引入

唐朝新中进士，均在大雁塔内题名，故以"雁塔题名"代称进士及第。

雁塔即大雁塔，在陕西西安的慈恩寺中，为唐玄奘所建。大雁塔是世界文化遗产，现存塔身7层，通高64.5米，为现存最早、规模最大的唐代四方楼阁式砖塔。

 项目目标

通过该项目教学，使学生学会以平口刀为主，配合U形刀雕刻大雁塔的方法。以此为基础，以相似的技法，拓展雕刻五面塔、六面塔、八面塔、亭台楼阁、小桥、房屋等建筑类作品。

 项目任务

（1）雕刻完成大雁塔主塔。

（2）雕刻完成大雁塔底座。

（3）经组合装饰，完成"雁塔题名"作品雕刻。

第一部分　素材积累

一、雁塔塔身

◆ 原料选择

青南瓜（或老南瓜、胡萝卜、白萝卜等）。

◆ 刀具选用

切片刀、平口刀、U 形刀、V 形刀。

◆ 雕刻刀法

刻、抠、镂空、插。

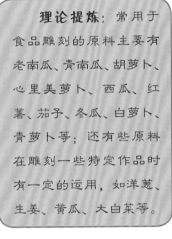

理论提炼：常用于食品雕刻的原料主要有老南瓜、青南瓜、胡萝卜、心里美萝卜、西瓜、红薯、茄子、冬瓜、白萝卜、青萝卜等；还有些原料在雕刻一些特定作品时有一定的运用，如洋葱、生姜、黄瓜、大白菜等。

◆ 雕刻过程

（1）将南瓜修成下大上小的棱台形（见图 8-1）。从底部开始，用切片刀距底边约 2 厘米处，切入南瓜，深度约 1 厘米（见图 8-2），此为塔的第一层塔身轮廓。

图 8-1

图 8-2

（2）在距刀纹 1 厘米处再切入一刀，深度约 1 厘米，此为塔的第一层的塔檐轮廓（见图 8-3）。

（3）在距刀纹 2 厘米处切入一刀，深度约 1 厘米（见图 8-4）。依此类推，1 个厚度 2 厘米，1 个厚度 1 厘米，交替进行，直至刻出 7 层塔体（见图 8-5、图 8-6）。

图 8-3

  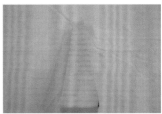

图 8-4   图 8-5   图 8-6

（4）用切片刀从底部批掉废料（见图 8-7、图 8-8）。

图 8-7   图 8-8

（5）接着雕刻隔塔檐（厚度为 1 厘米），用平口刀水平插入第 2 层塔身原料内部（见图 8-9），切断并撬掉第 2 层塔身废料（见图 8-10）。

图 8-9   图 8-10

（6）用同样的方法去掉其他塔身废料，雕刻出塔檐（见图 8-11）。用平口刀切去各层塔檐上部三角块（见图 8-12）。

（7）再用平口刀切去塔檐下部三角块，使塔檐呈"V"形（见图 8-13）。用 V 形刀插出塔檐上部的砖片纹路（见图 8-13、图 8-14）。

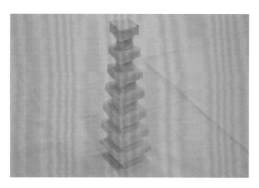

图 8-11　　　　　　　　　　　图 8-12

图 8-13　　　　　　　　　　　图 8-14

（8）用 V 形刀插出塔檐下部砖片纹路（见图 8-15、图 8-16）。

图 8-15　　　　　　　　　　　图 8-16

（9）在每层塔身四面，用中号 U 形刀垂直插入塔身，于中心点相交，抠出塔中圆柱形废料（见图 8-17），作为塔的拱券门洞（见图 8-18）。

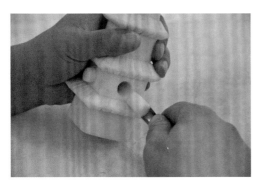

图 8–17　　　　　　　　　　　　　　图 8–18

◆ 关键提炼

（1）修坯料时，要修成下大（边长约 8 厘米）上小（边长约 4 厘米）的棱台。

（2）用切片刀分层时，切入的深度要深浅适宜（见图 8–3）。太深则塔易断裂，太浅则塔檐飞出的长度不够。

（3）平口刀插入塔身去除废料时，要水平插入，确保塔身平整（见图 8–9）。

（4）U 形刀插入原料，插出拱券门洞时，应垂直于塔面插入，于中心点相交（见图 8–17）。

◆ 创新拓展

运用雕刻大雁塔的技术，可以进一步拓展雕刻五面塔、六面塔、八面塔，还可以进一步创新探索雕刻亭台楼阁等。如大明塔（见图 8–19）、醉翁亭（见图 8–20）。

图 8–19　　　　　　　　　　　　　　图 8–20

（图片来源：图 8–19：http://citylife.house.sina.com.cn/detail.php?gid=25230；图 8–20：http://www.shyw.net/forum.php?mod=viewthread&tid=317262）

二、雁塔塔基

◆ 原料选择

青南瓜（或老南瓜、胡萝卜、红薯、白萝卜等）。

◆ 刀具选用

切片刀、平口刀、V 形刀。

◆ 雕刻刀法

刻、插、批。

◆ 雕刻过程

（1）用切片刀切两片厚约 1 厘米的大厚片，用 502 胶黏在一起（见图 8-21）。将两片黏在一起的南瓜批平整（见图 8-22）。

图 8-21   图 8-22

（2）切成平整的长方体（见图 8-23），作为塔基的坯料。用 V 形刀，在塔基的侧面插出砖缝（见图 8-24、图 8-25）。并以同样的方法，刻出另 3 个面的砖缝（见图 8-26）。

图 8-23   图 8-24

图 8-25

图 8-26

（3）修出塔基栏杆的坯料（见图 8-27），批掉栏杆柱子之间的一层废料（见图 8-28）。

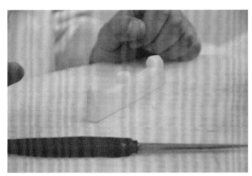

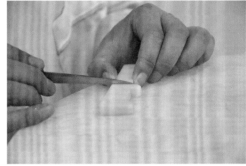

图 8-27

图 8-28

（4）用 V 形刀插出栏杆上的花纹（见图 8-29）。用同样的方法，刻出其他栏杆。将四个栏杆黏于塔基之上（见图 8-30）。

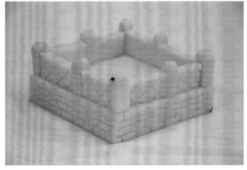

图 8-29

图 8-30

◆ 关键提炼

（1）塔基要有一定的厚度，从而使塔看上去比较稳重。

（2）砖纹要直。

食品雕刻项目化教程

◆ 创新拓展

通过学习塔基的雕刻方法，可以进一步拓展雕刻小桥（见图 8–31）、长城（见图 8–32）等建筑。

图 8–31   图 8–32

（图片来源：图 8–31：http：//www.nipic.com/show/1/62/239a09504cfd8986.html；图 8–32：http：//lvyou.baidu.com/badalingchangcheng/fengjing/）

第二部分　项目实施

◆ **项目名称**

雁塔题名

◆ **项目要求**

大雁塔下大上小，庄严厚重，飞檐突出，层次感强。塔身笔直，各层高度一致，上下大小比例适宜。拱券门洞通透性好，内部干净无杂质。塔基平整、稳重，栏杆线条明晰。

◆ **完成基础**

学生通过本项目元素积累环节的学习，已学会雕刻大雁塔各部分的基本方法。完成本项目的基础知识和技能详见表8–1。

表 8–1　　　　　　　　　　"雁塔题名"项目完成基础

序号	知识技能基础	知识技能类型	知识技能运用	运用方式
（1）	塔身	建筑类	直接运用于该项目	直接运用
（2）	塔基	建筑类	直接运用于该项目	直接运用
（3）	了解葫芦的基本形态	植物类	探索拓展雕刻葫芦，用作塔顶	探索拓展
（4）	美学知识	美学知识	构图、设计、装饰	直接运用

◆ **资料查询**

（1）邓耀荣，陈洪波.果蔬雕刻教程［M］.广州：广东经济出版社，2003：24–27.

（2）周文涌，张大中.食品雕刻技艺实训精解［M］.北京：高等教育出版社，2012：33–43.

（3）朱诚心.冷拼与食品雕刻［M］.北京：中国劳动社会保障出版社，2014：126.

（4）李凯.食品雕刻基础教程［M］.成都：四川科学技术出版社，2008：68–71.

（5）孔令海.泡沫·琼脂·冰雕技法与应用［M］.沈阳：辽宁科学技术出版社，2003：16.

（6）李顺才.食雕技法［M］.南京：江苏科学技术出版社，2004：12.

◆ **佳作展示**

"雁塔题名"雕刻成品如图8–33所示。

图 8-33

点评：

　　塔身笔直，厚实凝重，各层高度一致，宽度比例恰当，玲珑剔透。构图美观大方，色彩自然。

◆ 评分标准

"雁塔题名"项目评分标准见表 8-2。

表 8-2　　　　　　　　　　　　　"雁塔题名"项目评分标准

指标	总分	评分标准
雕刻质量	70	塔身笔直，刀面平整干净，飞檐突出，砖纹清晰，拱券门洞通透。塔基及塔身稳重，坚如磐石。刀法简练，运刀流畅，不拖泥带水。
设计创新	30	构图美观，和谐自然，大方厚重，色彩运用合理，主体突出。

◆ 拓展项目

雁塔新题、积沙成塔、象牙之塔等。

项目九

 海底世界

项目引入

　　鱼、虾等水产类雕刻作品一般造型简单、小巧精致、生动有趣。鱼、虾、蟹雕刻较简单，常组合在一起，灵活地运用于宴席当中，可作为海鲜类热菜的装饰品。这类雕刻作品手法容易掌握，也易于举一反三，只要了解并掌握了雕刻方法和技法关键点，就能雕刻出栩栩如生的水产类作品。

项目目标

　　通过该项目的教学，使学生掌握平口刀、V形刀、拉刀等刀具的外形特点、握刀姿势、运用方法，掌握削、刻、拉等基本技法，并能较熟练地使用这些刀具，运用相应技法，雕刻出常见鱼、虾、蟹等水产作品；能设计、制作"海底世界"、"鱼虾同戏"等作品的雕刻。

项目任务

　　（1）完成鱼、虾等作品的雕刻。

　　（2）完成各种形态、大小、造型各异的珊瑚、假山等作为背景。

　　（3）进行合理组装，形成形式多样、生动、富有情趣的"海底世界"主题作品。

第一部分　素材积累

一、鲨鱼

◆ 原料选择

青南瓜、白萝卜、胡萝卜等（见图9-1）。

◆ 刀具选用

切片刀、平口刀、V形刀、拉刀、掏刀、画笔（见图9-2）。

> 理论提炼：食品雕刻常用工具主要有切片刀、平口刀、U形刀、V形刀、掏刀、拉刀、刻线刀、波浪形刀、分规、画笔等。

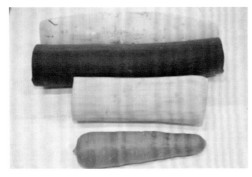

图9-1

图9-2

◆ 雕刻刀法

刻、削、拉。

◆ 雕刻过程

（1）修鲨鱼身体坯料。选取白萝卜，用切片刀去掉头尾，修成35厘米的长段。用平口刀削出鲨鱼身体的大致形状，呈长梭形。用平口刀修平棱角，使表面平滑、自然（见图9-3、图9-4）。

图9-3　　　　　　　　　　　　图9-4

（2）头部雕刻。用画笔在头部，距前端 3 厘米处起，画出鲨鱼嘴的轮廓（见图 9-5），用平口刀沿画线修去嘴巴边缘的废料（见图 9-6）。

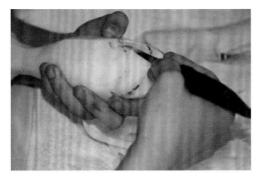
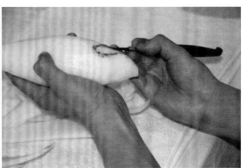

图 9-5　　　　　　　　　　　　　　　图 9-6

用平口刀在嘴唇处沿 V 字形，从左至右、从上至下依次修刻出鲨鱼的牙齿，再去除废料，让牙齿凸显（见图 9-7、图 9-8）。

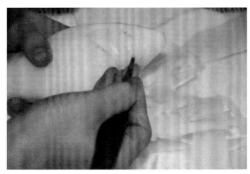
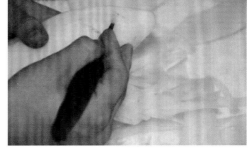

图 9-7　　　　　　　　　　　　　　　图 9-8

用掏刀掏出口腔中的废料（见图 9-9），再用掏刀在头部两侧修出眼睛（见图 9-10）。

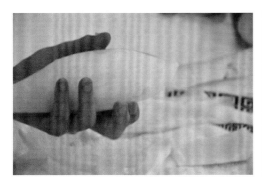
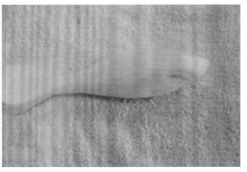

图 9-9　　　　　　　　　　　　　　　图 9-10

（3）鱼鳍的雕刻。用切片刀片出5厘米见方、1厘米厚的白萝卜片，成三角状，用平口刀修刻平滑（见图9-11、图9-12），粘贴在鱼背上。用平口刀刻出鱼鳍的细节（见图9-13、图9-14）。

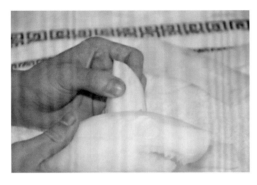

图 9-11　　　　　　　　　　　　　　图 9-12

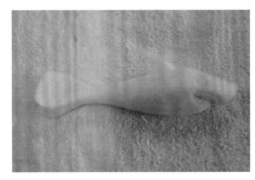
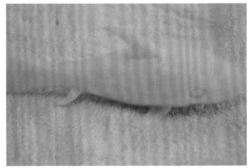

图 9-13　　　　　　　　　　　　　　图 9-14

（4）尾部的雕刻。用切片切出两块厚2厘米、直径6厘米圆片，用胶水贴在鱼体尾部（见图9-15）。贴好后，用平口刀修出鱼鳍的形状，并修平圆棱角，使其平滑（见图9-16）。

图 9-15　　　　　　　　　　　　　　图 9-16

◆ 关键提炼

（1）鱼体头部、胸部、尾部的比例要合适，一般为 1：2：2。

（2）背鳍、胸鳍、尾鳍的长度比例一般控制在 2：2：3，宽度控制在 2：2：1。

（3）鲨鱼的身体比较光滑、圆润，可用砂纸打磨，使其光洁。

（4）运刀自然流畅，不宜多停顿，以确保鱼体外形轮廓平整、光滑。

（5）鲨鱼牙齿呈 V 形，以显得锋利（见图 9-9）。

◆ 创新拓展

利用削、刻的手法，加上 U 形刀的运用，还可以进一步拓展雕刻海豚（见图 9-17）、
鲤鱼（见图 9-18）、金鱼（见图 9-19）等。

图 9-17   图 9-18   图 9-19

二、龙虾

◆ 原料选择

青南瓜（见图 9-20）（也可用胡萝卜、白萝卜等）。

◆ 刀具选用

切片刀、平口刀、V 形刀、拉刀、掏刀（见图 9-21）。

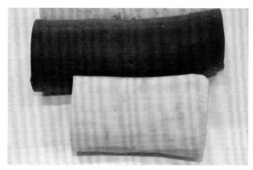 

图 9-20   图 9-21

◆雕刻刀法

刻、削。

◆雕刻过程

（1）修龙虾坯料。选用青南瓜，用切片刀切出2厘米厚、10厘米长、5厘米宽的片（见图9–22）。用平口刀修出虾的身体的大致形状（见图9–23）。

图9–22   图9–23

用平口刀修圆棱角，使其平滑（见图9–24），刻出尾巴和身体的分界线（见图9–25）。

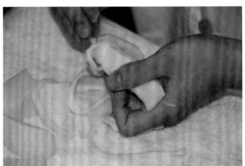

图9–24   图9–25

（2）雕刻尾部环节。在尾部，用平口刀刻出均匀的平行虾节，再以斜刀去掉废料（见图9–26、图9–27）。

（3）雕刻虾头部。用平口刀在头部位置刻出虾壳的轮廓，（见图9–28），再用平口刀刻头壳和腿部的分界线，并刻出触角的底部（见图9–29）。

用小号掏刀，在虾的头壳上掏出一些小凹坑，使头部更为逼真（见图9–30）。在头部两侧，装上小号仿真眼（见图9–31）。

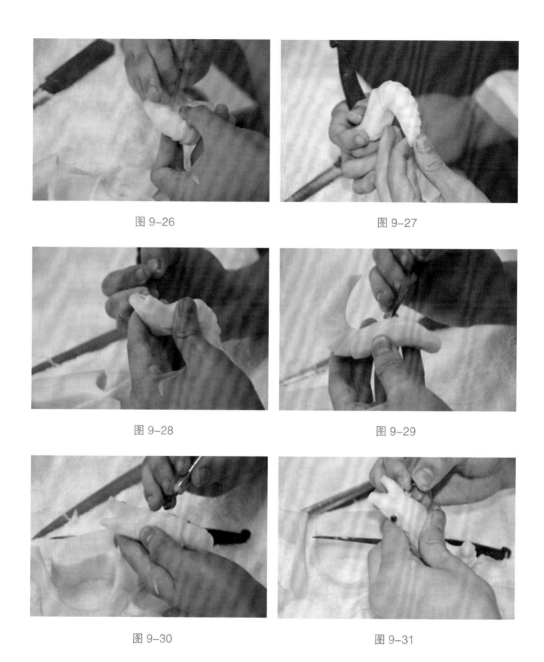

图 9-26 图 9-27

图 9-28 图 9-29

图 9-30 图 9-31

（4）雕刻虾尾巴。选取青南瓜，用平口刀修出 0.3 厘米厚、1 厘米长、0.6 厘米宽的水滴状的片状物（见图 9-32），粘贴在尾部，做成虾的尾巴（见图 9-33）。

（5）雕刻虾足。将青南瓜切成 5 毫米厚的薄片，用平口刀刻成直角，修出虾足的大形（见图 9-34）。再将虾足尾端修成分叉状，削平棱角。做出八只这样的虾足（见图 9-35），用胶水粘到虾的身体上（见图 9-36）。

图 9-32

图 9-33

图 9-34

图 9-35

图 9-36

（6）雕刻虾触角。取青南瓜，用切片刀切成 0.5 厘米厚、15 厘米长的薄片（见 9-37），用平口刀修出触角的大形，取出（见图 9-38）。用平口刀削平滑，将触角修成不同的长度，分层次拼接，并粘贴在头部（见图 9-39、图 9-40）。

图 9-37

图 9-38

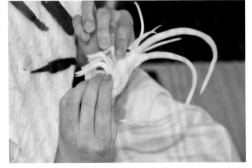

图 9-39

图 9-40

◆ 关键提炼

（1）虾头与虾身长度比例为 1：1，每个虾节长度约为 1 厘米左右。

（2）虾足成"＞"状，虾身可以根据自身造型进行弯曲，但注意要控制比例与弯曲度（图 9-30）。

（3）虾节一般是七节，刻虾身的节纹要层次清晰、整齐。

（4）运刀自然流畅，不宜多停顿，以确保虾体外形轮廓平整、光滑。

◆ 创新拓展

利用刻龙虾的手法，还可以拓展雕刻河虾、对虾等（见图 9-41、图 9-42）。

图 9-41

图 9-42

三、珊瑚、海草

◆ 原料选择

青南瓜（或冬瓜）、胡萝卜（见图 9-43）。

图 9-43

◆ 刀具选用

切片刀、平口刀、掏刀、拉刀（见图 9–44）。

图 9–44

◆ 雕刻刀法

刻、掏、拉。

◆ 雕刻过程

（1）珊瑚的雕刻。取一块南瓜，用切片刀切成 1 厘米厚、5 厘米高的厚片。用平口刀刻出珊瑚的大致形状，珊瑚形状可自由发挥，大小各异，自然不死板（见图 9–45）。用平口刀去掉棱角，用小号掏刀，在上面掏出凹坑，使珊瑚逼真自然（见图 9–46）。将胡萝卜切成片，雕刻出其他形状的珊瑚（见图 9–47、图 9–48）。

图 9–45   图 9–46

图 9-47 图 9-48

（2）雕刻海草。取青南瓜皮，用平口刀刻出 2 厘米宽、S 形的海草外形，然后用平口刀取出（见图 9-49），再用拉刀在上面拉出叶子的纹脉（见图 9-50）。

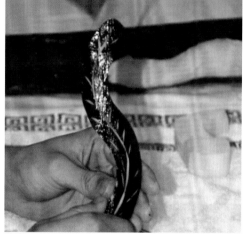

图 9-49 图 9-50

◆ **关键提炼**

（1）雕刻珊瑚时，选料要注意原料色泽、厚度。

（2）雕刻珊瑚外形要自然，表面的凹坑不拘一格。

（3）海草的弧线成 S 形，外观叶脉清晰可见。

（4）雕刻海草所选的南瓜皮要有韧性，色泽碧绿。

（5）运刀自然流畅，去废料时要使表面光洁、整齐，避免出现断续刀痕。

◆创新拓展

可以用刻、拉的方法刻出各种形态的珊瑚（见图 9-51）、贝壳（见图 9-52）、海螺等（见图 9-53）。

图 9-51

图 9-52

图 9-53

海草还可以用冬瓜皮雕刻，造型可以变化多样，用拉刀的方式可以拓展雕刻树叶等。

第二部分 项目实施

◆ 项目名称

海底世界

◆ 项目要求

雕刻的鲨鱼、龙虾等形态逼真，海草、珊瑚形状各异、色彩自然、搭配协调；项目设计合理，点缀装饰得体，能很好地烘托主题；开展项目过程能分工明确，各尽其责。

◆ 完成基础

学生通过本项目元素积累环节的学习，已奠定完成该项目的基础。完成本项目需要的基础知识和技能详见表9-1。

表 9-1　　　　　　　　　　"海底世界"项目完成基础

序号	知识技能基础	知识技能类型	知识技能获得	知识技能运用
（1）	鲨鱼	鱼类	项目九：海底世界	直接运用于该项目
（2）	龙虾	虾类	项目九：海底世界	直接运用于该项目
（3）	珊瑚、海草	配饰	项目九：海底世界	直接运用于该项目
（4）	假山	配饰	项目三：鸟语花香	拓展雕刻不同形态的假山，并运用于该项目

◆ 资料查询

（1）王冰 . 食品雕刻［M］. 北京：中国轻工业出版社，2004：99-100.

（2）朱诚心 . 冷拼与食品雕刻［M］. 北京：中国劳动社会保障出版社，2014：114.

（3）邓耀荣、陈洪波 . 果蔬雕刻教程［M］. 广州：广东经济出版社，2003：55.

（4）李顺才 . 李顺才食雕技法［M］. 南京：江苏科学技术出版社，2004：57.

（5）周文涌、张大中 . 食品雕刻技艺实训精解［M］. 北京：高等教育出版社，2012：133-137.

（6）卫兴安 . 食品雕刻图解［M］. 北京：中国轻工业出版社，2014：31-32.

◆ 佳作展示

"海底世界"雕刻成品如图9-54所示。

图 9-54

点评：

通过鱼、虾、珊瑚、海草、假山等元素的组合，烘托出海洋世界里鱼虾同戏的情景。原料选用合理、色彩搭配自然，造型生动有趣。

◆ 评分标准

"海底世界"项目评分标准见表 9-2。

表 9-2　　　　　　　　　　　　　　　　　　"海底世界"项目评分标准

指标	总分	评分标准
雕刻质量	70	作品雕刻精细、鱼虾等作品身体比例准确，形态自然、形象逼真、表面光洁，色彩搭配合理。
设计创新	30	设计有创意，构图主次分明，合理美观，色彩搭配和谐，能够体现海底世界、鱼虾同戏的主题。

◆ 拓展项目

鱼虾同戏、虾兵蟹将、荷塘情趣、对虾等。

项目十

蛟龙出水

 项目引入

龙是传说中的一种有鳞、有须、能兴云作雨的神异瑞兽，后来成为中华民族的图腾和象征。在传说及神话中，龙在天腾云驾雾，下海追波逐浪，在人间则呼风唤雨，具有无比神通。因此，龙在中国传统文化中是权势、尊贵的象征，又是幸运与成功的标志。

 项目目标

通过该项目的学习，使学生了解龙头、龙身、龙鳍、龙爪、波浪等造型的雕刻方法，进一步提升设计创新、技能转移、素质拓展的能力。能通过合理的设计、制作，完成"蛟龙出水"这一主题作品的雕刻。

 项目任务

（1）完成龙的雕刻。

（2）完成浪花的雕刻。

（3）经设计，将两者组合在一起，完成"蛟龙出水"项目。

第一部分　素材积累

一、龙头

◆ 原料选择

胡萝卜（或南瓜、青萝卜、心里美萝卜等）。

◆ 刀具选用

切片刀、平口刀、U 形刀、V 形刀、画笔、掏刀。

> **理论提炼:** 雕刻刀法主要有划、批、旋、抠、插、削、刻、镂空等。

◆ 雕刻刀法

刻、拉、插、抠。

◆ 雕刻过程

（1）修坯料。用切片刀将胡萝卜切成长方形的段，用平口刀在头部两侧各去除一块，修出坯料（见图 10-1、图 10-2）。

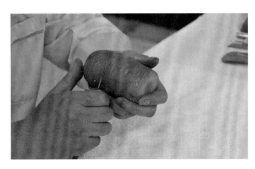

图 10-1

图 10-2

（2）刻出鼻子的外形轮廓（见图 10-3），修平额头，用掏刀修出鼻子的大形（见图 10-4）。

图 10-3

图 10-4

（3）将鼻子的棱角修圆（见图10–5），然后修出眼睛的轮廓（见图10–6）。

 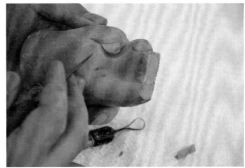

图 10-5 　　　　　　　　　　　　　　　图 10-6

（4）刻出龙的鼻孔，将头部修得圆润光滑（见图10–7、图10–8）。

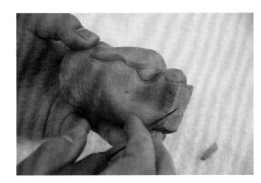 

图 10-7 　　　　　　　　　　　　　　　图 10-8

（5）用画笔画出嘴部轮廓（见图10–9），并沿画出的线条修去一层废料（见图10–10）。

图 10-9 　　　　　　　　　　　　　　　图 10-10

（6）用U形刀刻出咬合肌（见图10–11）。然后以同样的方法刻出另一面（见图10–12）。

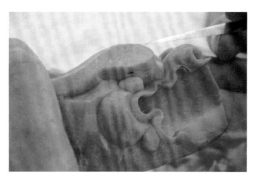

图 10-11   图 10-12

（7）抠掉嘴里的废料（见图 10-13），刻出牙齿（见图 10-14）。

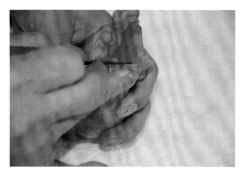

图 10-13   图 10-14

（8）修出舌头，打圆棱角（见图 10-15），装上舌头（见图 10-16）。

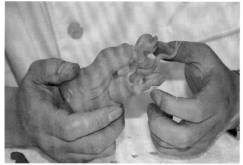

图 10-15   图 10-16

（9）将原料切成三角形，雕出獠牙装上（见图 10-17、图 10-18）。

（10）刻出犬牙，粘在牙床上（见图 10-19、图 10-20）。

（11）去掉龙头后面的一块废料（见图 10-21），画出龙角的轮廓（见图 10-22）。

（12）刻出一对龙角（见图 10-23），粘在龙头的后面（见图 10-24）。

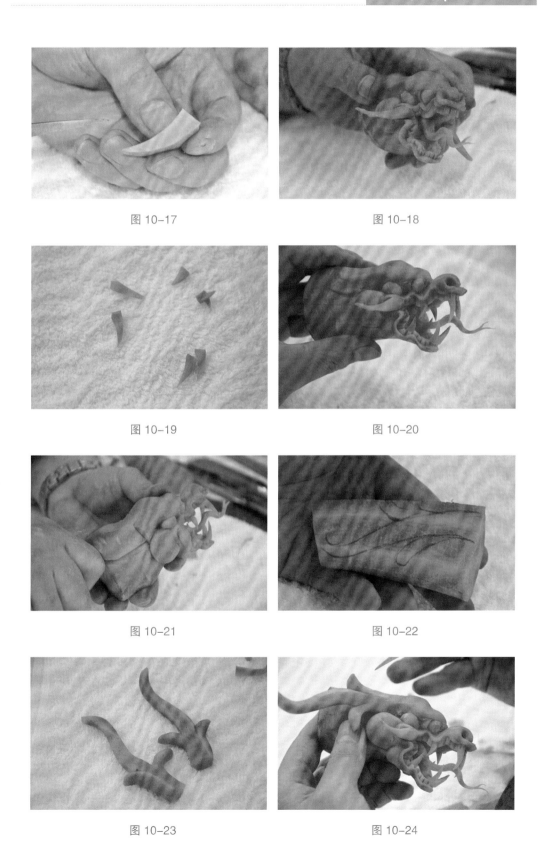

图 10–17

图 10–18

图 10–19

图 10–20

图 10–21

图 10–22

图 10–23

图 10–24

（13）取一块半圆形料（见图10-25），刻出龙耳（见图10-26），装在龙头上。

图10-25

图10-26

（14）刻出龙的胡须（见图10-27），并粘在其下巴下面（见图10-28）。

图10-27

图10-28

（15）取一片原料，画^①出鬃毛轮廓（见图10-29），雕出鬃毛（见图10-30）。

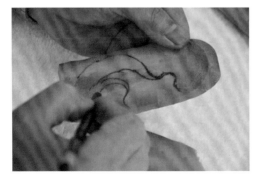

图10-29

图10-30

---

① 画：是在平面上，用画笔表现出所要雕刻的形象的大体形状、轮廓的方法。如雕刻西瓜盅、龙、凤、马等作品时常采用这样的方法。

（16）用刀将鬃毛批成薄片，修去棱角（见图10-31），装在龙头上（见图10-32）。装上仿真眼即成。

图10-31

图10-32

◆ 关键提炼

（1）龙头嘴部不宜太宽（见图10-2）。

（2）嘴部运刀自然流畅，不宜多停顿，咬口肌要饱满（见图10-11、图10-12）。

（3）鬃毛、龙角、牙齿、龙须等部位张扬，手法夸张（见图10-32）。

（4）龙的神态凶猛，肌肉有力（见图10-32）。

◆ 创新拓展

通过图片、视频等资源，可以进一步拓展雕刻"麒麟献瑞"（见图10-33）、"飞龙在天"（见图10-34）等作品。

图10-33

图10-34

二、龙角

◆ 原料选择

胡萝卜（或南瓜、青萝卜等）。

◆ 刀具选用

切片刀、平口刀、U 形刀、V 形刀、画笔、掏刀。

◆ 雕刻刀法

刻、插、抠。

◆ 雕刻过程

（1）用切片刀将胡萝卜切成段，粘接出身体的大致形状（见图 10–35、图 10–36）。

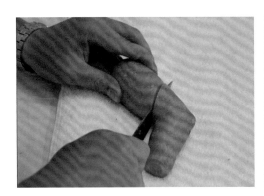

图 10–35   图 10–36

（2）用画笔画出龙腹部两侧线条（见图 10–37），并用 V 形刀沿画出的线条插出凹槽（见图 10–38）。

图 10–37   图 10–38

（3）将身体修圆滑，腹部刻出环节（见图10-39），背部刻出身体的鳞片（见图10-40、图10-41）。

图10-39　　　　　　　　图10-40　　　　　　　　图10-41

（4）身体经进一步粘接，刻腹部环节及背部鳞片，刻成龙身的基本形状（见图10-42）。

图10-42

◆ 关键提炼

（1）龙身弯曲，以显生动（见图10-42）。

（2）腹部环节线条流畅，无刀痕印迹（见图10-39）。

（3）龙鳞层次分明，鳞片清晰（见图10-40）。

◆ 创新拓展

依据龙鳞的雕刻方法，通过图片、实物、视频等资源，可以进一步拓展雕刻麒麟（见图10-43）、鲤鱼（见图10-44）等鳞片。

食品雕刻项目化教程

图 10-43

图 10-44

三、龙爪及龙鳍

◆ 原料选择

胡萝卜（或南瓜、青萝卜等）。

◆ 刀具选用

切片刀、平口刀、画笔。

◆ 雕刻刀法

刻、抠、画。

◆ 雕刻过程

1. 雕刻龙爪

（1）将胡萝卜切厚片，画出腿的形状（见图 10-45），依线条刻出腿的轮廓（见图 10-46）。

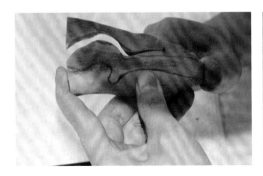

图 10-45

图 10-46

（2）修圆滑后，刻出腿上的鳞片及肌肉线条（见图10-47）；取一片呈 V 形的胡萝卜片，刻出龙爪（见图10-48、图10-49）。

图 10-47　　　　　　　　　　　　　　　　图 10-48

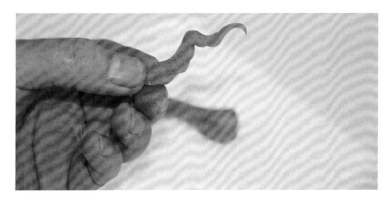

图 10-49

（3）刻出 4 个爪子，用 502 胶粘在龙腿上（见图10-50）。

图 10-50

2.雕刻龙鳍

（1）画笔画出尾鳍的轮廓，沿线条刻出尾鳍的大致形状（见图10-51），细雕出尾鳍（见图10-52）。

（2）取一块原料，切成厚片，刻成梳状（见图10-53），用平口刀批成薄片，修成龙的背鳍（一段）（见图10-54）。

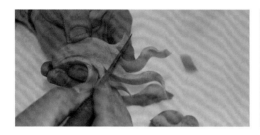

图 10-51

图 10-52

图 10-53

图 10-54

◆ 关键提炼

（1）龙腿粗壮强劲，龙爪张开有力（见图10-50）。

（2）尾鳍张开，弯曲飘洒（见图10-52）。

（3）背鳍向斜后方打开，厚薄适宜（见图10-54）。

◆ 创新拓展

在雕刻龙的基础上，可以拓展雕刻"龙凤呈祥"（见图10-55）、"二龙戏珠"（见图10-56）等项目。

图 10-55

图 10-56

第二部分 项目实施

◆ 项目名称

蛟龙出水

◆ 项目要求

雕刻的龙要栩栩如生，霸气十足；龙鳞、龙鳍、龙腹、龙头等部位精雕细琢，刻画入微。浪花形象生动，搭配和谐，与龙的形态比较协调。项目设计合理，点缀装饰得体。

◆ 完成基础

龙的雕刻有一定的难度。在本项目元素积累环节中，学生已经学习了龙身体各部位的雕刻，经适当组配，可以完成不同造型的龙的雕刻。经过前一阶段的学习，学生也学习了珊瑚的雕刻方法，结合图片、视频等资源，可探索拓展雕刻浪花等装饰件的雕刻。完成"蛟龙出水"项目的基础知识和技能详见表 10–1。

表 10–1　　　　　　　　　　"蛟龙出水"项目完成基础

序号	知识技能基础	知识技能类型	知识技能获得	知识技能运用
（1）	龙头、龙身、龙鳞、龙鳍	兽类	项目十：蛟龙出水	直接运用于该项目
（2）	珊瑚	配件	项目九：海底世界	拓展雕刻浪花

◆ 资料查询

（1）周文涌，张大中．食品雕刻技艺实训精解［M］．北京：高等教育出版社，2012：176–180．

（2）李顺才．李顺才食雕技法［M］．南京：江苏科学技术出版社，2004：52–53．

（3）刘锐．琼脂雕［M］．哈尔滨：黑龙江科学技术出版社，2005：12–13．

（4）朱诚心．冷拼与食品雕刻［M］．北京：中国劳动社会保障出版社，2014：116–117．

（5）李凯．食品雕刻基础教程［M］．成都：四川科学技术出版社，2008：72–78．

（6）卫兴安．食品雕刻图解［M］．北京：中国轻工业出版社，2014：46–48．

（7）孔令海．泡沫·琼脂·冰雕技法与应用［M］．沈阳：辽宁科学技术出版社，2003：13．

◆ 佳作展示

"蛟龙出水"雕刻成品如图 10-57、图 10-58 所示。

图 10-57   图 10-58

点评：

　　作品布局合理、姿态生动、色彩艳丽，体现了龙的霸气。整个作品造型独特，夸张大胆，将蛟龙出海的瞬间动态淋漓尽致地刻画出来。

◆ 评分标准

"蛟龙出水"项目评分标准见表 10-2。

表 10-2　　　　　　　　　　　　　　"蛟龙出水"项目评分标准

指标	总分	评分标准
雕刻质量	70	龙的雕刻饱满大气，霸气尽显；细节部位雕工精细，刀法自如。龙头昂立含威，龙身弯曲，龙爪刚劲有力，突显龙的神威与勇猛。
设计创新	30	整个作品设计巧妙，夸张大胆，结构紧凑，造型美观，色彩搭配自然，比例大小适当，层次角度控制较好。

◆ 拓展项目

龙凤呈祥、麒麟送子、九龙壁、飞龙在天等。

项目十一

马到成功

 项目引入

"马到成功"，语出元代张国宾的杂剧《薛仁贵荣归故里》楔子："凭着您孩儿学成武艺，智勇双全，若在两阵之间，怕不马到成功。"即指战马一到，立即成功。比喻成功容易而且迅速，一开始就取得胜利。现在多用于对亲朋好友的祝福，希望他们前途光明，心想事成。

 项目目标

通过该项目的学习，掌握马的雕刻方法，并以马的雕刻方法为基础，进一步拓展雕刻牛、羊、鹿、兔等兽类的雕刻方法，不断提升设计项目、完成项目的能力。

 项目任务

（1）完成马的雕刻。

（2）完成假山等配件的雕刻。

（3）经设计、组配，完成"马到成功"项目。

第一部分　素材积累

一、马头

◆ 原料选择

青南瓜（或老南瓜、香芋、红薯等）。

◆ 刀具选用

切片刀、平口刀、U形刀、画笔、掏刀。

◆ 雕刻刀法

刻、插、画。

◆ 雕刻过程

（1）用切片刀将原料切成长方形的块，用**画笔**①画出马头的线条轮廓（见图11-1）。用平口刀刻出马头的大致形状（见图11-2、图11-3）。

图11-1　　　　　　　　图11-2　　　　　　　　图11-3

（2）用U形刀插出鼻子的大致位置与形态（见图11-4、图11-5），插出眼睛的基本形状（见图11-6）。

图11-4　　　　　　　　图11-5　　　　　　　　图11-6

① 画笔：黑色水溶性笔，用于在雕刻原料表面画出外形轮廓。

（3）刻出马的眼睑（见图11-7），将鼻子、眼睛等部位修光滑（见图11-8）。

图 11-7   图 11-8

（4）抠出马的鼻孔（见图11-9），用U形刀插出嘴的大致轮廓（见图11-10）。

图 11-9   图 11-10

（5）修掉一层废料，使马嘴轮廓进一步显现（见图11-11），抠掉嘴中的多余废料（见图11-12、图11-13）。

图 11-11   图 11-12   图 11-13

（6）用V形刀刻出牙齿（见图11-14）。

（7）用掏刀拉出头部肌肉（见图11-15），并用细砂纸打磨（见图11-16），使表面更加光滑、细腻。

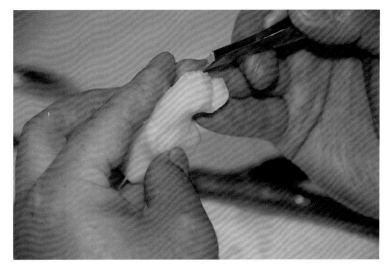

图 11-14

图 11-15

图 11-16

（8）在眼睑的下方细雕出眼球（见图 11-17），装上仿真眼（见图 11-18）。

图 11-17

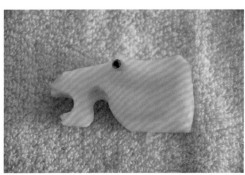

图 11-18

◆关键提炼

（1）头部肌肉走向符合马的特征。

（2）运刀流畅，减少停顿。

（3）头部比例合理，神态自若。

（4）用砂纸打磨更能体现马的质感。

◆ 创新拓展

利用掏刀和平口刀，采用相应的技法，可以进一步拓展雕刻斑马（见图11-19）、老虎等兽类的头部（见图11-20）。

图 11-19 　　　　　　　　　　　　　　图 11-20

二、躯干及四肢

◆ 原料选择

青南瓜（或香芋、红薯等）。

◆ 刀具选用

切片刀、平口刀、U形刀、画笔、掏刀。

◆ 雕刻刀法

刻、削、插、抠、画。

◆ 雕刻过程

（1）切一厚片原料，粘在一段青南瓜上，画出马脖子的轮廓（见图11-21），修出马脖子及马背的线条（见图11-22）。

（2）取一段原料修成厚片，粘接在马前腿的位置，画出马前腿的轮廓（见图11-23），刻出马前腿的大致形状（见图11-24）。

图 11-21

图 11-22

图 11-23

图 11-24

（3）细雕马右前腿，刻出马蹄（见图 11-25），用同样的方法刻出马的左前腿（见图 11-26）。

图 11-25

图 11-26

（4）切一厚片南瓜，粘接在左后腿处（见图 11-27），刻出左后腿的轮廓，用掏刀在身体两端各 1/4 处刻出腹部轮廓（见图 11-28）。

（5）进一步细雕左后腿，使线条更加柔和，马蹄更加逼真（见图 11-29）。以同样的方法刻出右侧后腿。

图 11-27

图 11-28

图 11-29

（6）用掏刀拉出马的颈部、腿部、腹部等部位肌肉纹理（见图 11-30）。用平口刀精雕腿部身体细节，用砂纸打磨光滑（见图 11-31、图 11-32）。

◆关键提炼

（1）马的颈长、身长、腿长之比为 3∶10∶5（见图 11-32）。

图 11-30

图 11-31

图 11-32

（2）以 U 形刀或者掏刀拉出肌肉骨骼的纹理，不要出现过多刻痕。

（3）用砂纸轻轻打磨，使肌肉纹理更加自然逼真。

◆ 创新拓展

利用同样的刀具、同样的雕刻方法，可以雕刻其他动物的身体及四肢，如鹿（见图 11-33）、牛（见图 11-34）等。

图 11-33

图 11-34

三、尾巴及鬃毛

◆ 原料选择

青南瓜（或香芋、红薯等）。

◆ 刀具选用

切片刀、平口刀、U 形刀、V 形刀。

◆ 雕刻刀法

切、刻、插。

◆ 雕刻过程

（1）南瓜切大厚片，修出尾巴的大致形状，刻出波浪形弧度（见图 11-35），用平口刀修出尾毛分支（见图 11-36）。

（2）刻出如图 11-36 的尾巴分支两个，用胶水粘到一起，用平口刀修掉棱角（见图 11-37），用 V 形刀插出尾巴上的尾毛（见图 11-38）。

（3）切厚约 0.5 厘米的南瓜片，以平口刀刻出呈波浪形的鬃毛（见图 11-39），修去棱角（见图 11-40）。

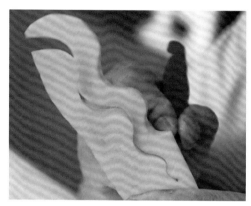

图 11-35

图 11-36

图 11-37

图 11-38

图 11-39

图 11-40

◆ 关键提炼

（1）运刀自然，线条流畅。

（2）鬃毛、尾巴呈S形修成坯料（见图11-35、
图11-39）。

（3）尾巴上的尾毛张开飘洒，鬃毛弯曲，以增强
马的动感及奔放的感觉。

> 理论提炼：作品保存方法有水浸法、低温保存法、密封保存法、维生素C保鲜法。

（4）雕好的鬃毛需要用水浸法进行浸涨，使其更加生动夸张，也可以用水浸法进行
保管。

◆ 创新拓展

利用相同的刀具和技法，可以拓展雕刻狮子（见图11-41）、斑马（见图11-42）的
尾巴和鬃毛。

图 11-41

图 11-42

第二部分　项目实施

◆ 项目名称

马到成功

◆ 项目要求

马的形象逼真，雄壮有力，整个身体比例恰当（头长：颈长：身长：腿长：尾长 = 2：3：10：5：2）。鬃毛、尾毛飞扬，动感十足。

◆ 完成基础

本项目元素积累环节，直接教授了马的身体各部位的雕刻方法。马身体各部位经合理组合，可以完成马的雕刻。在其他项目中，学生已学习过假山、花草等作品的雕刻，可应用到本项目中。完成本项目需要的基础知识和技能详见表 11–1。

表 11–1　　　　　　　　　　　　　　　"马到成功"项目完成基础

序号	知识技能基础	知识技能类型	知识技能获得	知识技能运用
（1）	马头、躯干、四肢、尾巴及鬃毛	兽类	项目十一：马到成功	直接运用于该项目
（2）	假山	配件	项目三：鸟语花香	利用并拓展雕刻假山

◆ 资料查询

（1）邓耀荣，陈洪波.果蔬雕刻教程［M］.广州：广东经济出版社，2003：30–31.

（2）周文涌，张大中.食品雕刻技艺实训精解［M］.北京：高等教育出版社，2012：163–167.

（3）李顺才.李顺才食雕技法［M］.南京：江苏科学技术出版社，2004：51–52.

（4）孔令海.中国食品雕刻艺术（动物集）［M］.北京：中国轻工业出版社，2011：90–107.

◆ 佳作展示

"马到成功"雕刻成品如图 11–43 所示。

图 11–43

点评:

　　作品构图美观，神态奔放，健壮有力，栩栩如生，跃然纸上。刀法细腻，刻画入微，线条流畅，技法娴熟。

◆ 评分标准

"马到成功"项目评分标准见表 11–2。

表 11–2　　　　　　　　　　　　"马到成功"项目评分标准

指标	总分	评分标准
雕刻质量	70	马的身体结构合理，比例匀称、肌肉强健。刀法运用合理，线条流畅，无断痕，身体表面光滑圆润。面部刻画细致入微，眼睛炯炯有神，鬃毛、尾毛夸张大胆，运动感强。
设计创新	30	整个作品比例恰当，和谐美观，头长：颈长：身长：腿长：尾长 =2：3：10：5：2，点缀装饰恰当，色彩搭配自然，重点突出，能准确体现主题。

◆ 拓展项目

八骏图、龙马精神、万马奔腾、一马当先等。

项目十二

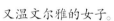

窈窕淑女

 项目引入

"窈窕淑女"，语出《诗经·周南·关雎》："窈窕淑女；君子好逑。"窈窕是指美好的样子，是一种外在美；淑女指善良美好、温和文静，是一种内在美。因此"窈窕淑女"指美好善良而又温文尔雅的女子。

 项目目标

通过该项目的学习，学生应掌握女子的雕刻方法，掌握衣服褶皱的处理方法，头饰、飘带等的雕刻方法，并以女子的雕刻方法为基础，进一步拓展雕刻仙女、观音、寿星、渔夫等人物。

 项目任务

（1）完成女子头部、身体、四肢、衣服等的雕刻。

（2）完成飘带、芭蕉扇、发饰等配件的雕刻。

（3）经过合理的设计与组合，完成"窈窕淑女"这一项目。

第一部分　素材积累

一、头部

◆ 原料选择

红薯[①]（或香芋、南瓜等）（见图 12–1）。

◆ 刀具选用

切片刀、平口刀、U 形刀、V 形刀、画笔等（见图 12–2）。

图 12–1　　　　　　　　　　　　　　　图 12–2

◆ 雕刻刀法

刻、拉、插、画。

◆ 雕刻过程

（1）用切片刀将原料切成一圆柱体，修出面部的弧度（见图 12–3），用画笔画出脸部的轮廓（见图 12–4）。

（2）用 U 形刀戳出脸部的大形（见图 12–5），画出脸部的中轴线，标出"**三庭**"[②]位置（见图 12–6）。

（3）用 U 形刀插出"三庭"（见图 12–7）位置，插出鼻子和眼睛上部的轮廓（见图12–8、图 12–9）。

---

① 红薯：又称番薯、地瓜、白薯等，呈不太规则的纺锤、圆筒、椭圆等形状。皮色有白、淡黄、黄、黄褐、红、紫红等；肉色有白黄、黄、淡黄、橘红、紫红等。块根内部有大量乳汁管，雕刻切口会产生白色乳汁，且切口易发生褐变而变黑。红薯常用来雕刻小鸟、人物、龙爪等。

② 三庭：指从发际线到眉间连线、从眉间到鼻翼下缘、从鼻翼下缘到下巴尖，这上中下三部分，恰好各占 1/3，谓之"三庭"。

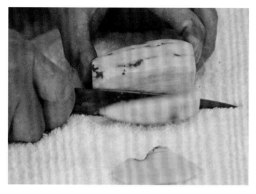

图 12-3

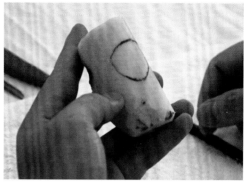

图 12-4

图 12-5

图 12-6

图 12-7

图 12-8

图 12-9

（4）用U形刀插出眼睛下部的轮廓（见图12-9）。插眼睛轮廓时，要注意"**五眼**"[①]的位置分布（见图12-10）。

（5）用平口刀将眼睛修光滑（见图12-11），修出鼻子的大形（见图12-12）。

（6）刻出上嘴唇的形状（见图12-13），用U形刀插出下嘴唇（见图12-14）。

---

① 五眼：是指一侧眼角外侧到同侧发际边缘，刚好一个眼睛的长度，两个眼睛之间也是一个眼睛的长度，另一侧眼角外侧到发际边缘又是一个眼睛的长度。

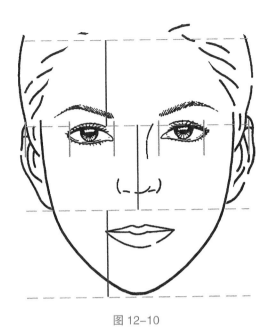

图 12-10

图 12-11

图 12-12

图 12-13

图 12-14

（7）用平口刀修光滑脸部（见图 12-15），以砂纸细细打磨，使其表面更加细腻圆润（见图 12-16）。

图 12-15

图 12-16

（8）用 V 形刀插出发型轮廓，换平口刀去掉棱角，并用砂纸打磨（见图 12-17）。用小号 V 形刀插出发丝（见图 12-18）。

图 12-17

图 12-18

（9）刻出发髻（见图 12-19），并粘在头上（见图 12-20）。

图 12-19

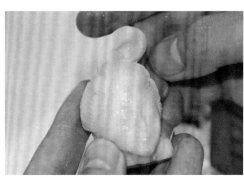

图 12-20

（10）刻出头上的装饰物（见图 12-21），用牙签插上小孔，并批成薄片，粘于头部（见图 12-22）。

图 12-21　　　　　　　　　　　　　　　图 12-22

◆ 关键提炼

（1）三庭五眼：脸部可分为三部分：由发际线到眉毛、由眉毛到鼻尖、由鼻尖到下颚，这三部分称"三庭"。脸的宽度为五个眼睛的长度，就是以一个眼睛的长度为标准，从发际线到外眼角为一眼，从外眼角到内眼角为二眼，两个内眼角间的距离为三眼，从内眼角到外眼角为四眼，从外眼角再到发际线称为五眼（见图 12-10）。

（2）细节要经过打磨处理。

◆ 创新拓展

根据所学的头部的雕刻方法，可以拓展延伸雕刻观音（见图 12-23）、仙女的等头部（见图 12-24）。

图 12-23　　　　　　　　　　　　　　　图 12-24

二、手

◆ 原料选择

红薯（或香芋、南瓜等）。

◆ 刀具选用

切片刀、平口刀。

◆ 雕刻刀法

切、刻。

◆ 雕刻过程

（1）按脸部宽度的一半，切一块原料（见图12–25），用平口刀修出手的轮廓（见图12–26）。

图 12–25　　　　　　　　　　　　　　　图 12–26

（2）分出指头（见图12–27），刻出每个手指头（见图12–28、图12–29、图12–30）。注意各个指头弯曲要自然。

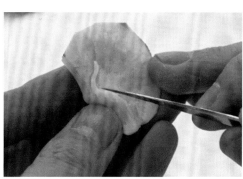

图 12–27　　　　　　　　　　　　　　　图 12–28

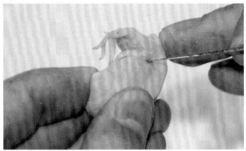

图 12-29   图 12-30

（3）用砂纸打磨光滑（见图 12-31、图 12-32）。

图 12-31   图 12-32

◆ 关键提炼

（1）女子的手要纤细柔美（见图 12-32）。

（2）各手指的位置要显得自然舒服。

（3）细节要经过打磨处理。

◆ 创新拓展

运用同样的技法，拓展雕刻各种手形（见图 12-33、图 12-34）。

图 12-33   图 12-34

三、躯干及四肢

◆原料选择

红薯（或香芋、南瓜等）。

◆刀具选用

切片刀、平口刀、U形刀、V形刀、掏刀、画笔。

◆雕刻刀法

刻、拉、插。

◆雕刻过程

（1）按身长为头长7.5倍的标准，用原料粘接出身体大致形状（见图12-35）。用画笔画出躯干及上肢轮廓，用U形刀、平口刀沿线条修出大致形状（见图12-36、图12-37）。

图 12-35

图 12-36

（2）切一块原料，在肩膀处接出胳膊（见图12-38）。

（3）用平口刀修掉躯体上的棱角，砂纸打磨光滑后，刻出衣襟及腰带（见图12-39、图12-40）。

图 12-37

图 12-38

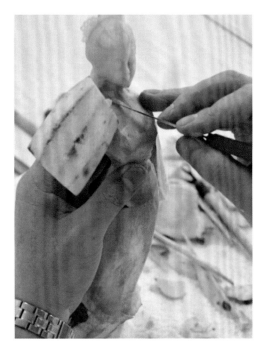

图 12-39

图 12-40

（4）用掏刀及拉刀刻出衣服上的褶皱（见图 12-41、图 12-42）。

（5）用平口刀、U 形刀、掏刀细刻出裙摆，并用砂纸打磨（见图 12-43、图 12-44）。

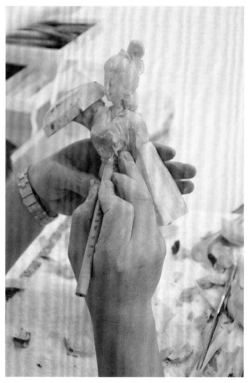

图 12-41

图 12-42

图 12-43

图 12-44

（6）刻出衣袖上的褶皱（见图12-45、图12-46）。同样的方法刻出另一个衣袖。

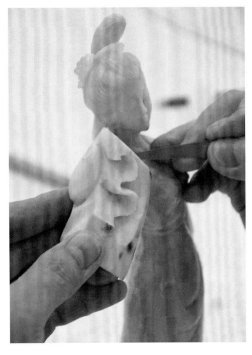

图 12-45

图 12-46

◆ 关键提炼

（1）女性的身材要修长、柔美。

（2）身体比例：人站立时，身高是头高的7倍；人坐着时，身高是头高的5倍；盘紧双腿坐时，身高是头高的3倍。

（3）细节要经过打磨处理。

（4）衣服褶皱处理须自然。

◆ 创新拓展

运用同样的工具、方法可以刻出其他人物的躯干，如关公（见图12-47）、仕女（见图12-48）等。

图 12-47

图 12-48

第二部分　项目实施

◆ 项目名称

窈窕淑女

◆ 项目要求

掌握人物的头部和身体的比例以及面部三庭五眼位置的确定。姿态优美生动、形象逼真，线条处理流畅。

◆ 完成基础

通过本项目的学习，学生已初步了解人物的面部、躯干、上肢的雕刻方法及衣服、飘带、头饰等配饰的雕刻处理手法，初步具备完成该项目的基础。但由于人物雕刻有一定难度，因此还需要细心揣摩，反复练习，方能雕刻出比较好的作品。完成本项目需要的基础知识和技能详见表12-1。

表 12-1 　　　　　　　　　 "窈窕淑女"项目完成基础

序号	知识技能基础	知识技能类型	知识技能获得	知识技能运用
（1）	人的面部、躯干、手	人物	项目十二：窈窕淑女	直接运用于该项目
（2）	衣服褶皱	配饰	项目十二：窈窕淑女	直接运用于该项目
（3）	飘带、头饰	配饰	项目十二：窈窕淑女	直接运用于该项目
（4）	底座	配饰	项目三：鸟语花香	以假山为基础，拓展雕刻底座

◆ 资料查询

（1）周文涌，张大中.食品雕刻技艺实训精解［M］.北京：高等教育出版社，2012：202-205.

（2）邓耀荣，陈洪波.果蔬雕刻教程［M］.广州：广东经济出版社，2003：66.

（3）李顺才.李顺才食雕技法［M］.南京：江苏科学技术出版社，2004：60-61.

（4）郑州小吃培训学校.学校相册［EB/OL］.http://changchengshidiao.soxsok.com/photo/371/.

◆ 佳作展示

"窈窕淑女"雕刻成品如图 12-49 所示。

图 12-49

点评：

　　作品形象生动、姿态优美，比例恰当，面部表情传神；细节处理准确，线条圆润平滑；完美地体现了窈窕淑女婀娜多姿的姿态和神态。

◆ 评分标准

"窈窕淑女"项目评分标准见表 12-2。

表 12-2　　　　　　　　　　　　　　　　"窈窕淑女"项目评分标准

指标	总分	评分标准
雕刻质量	70	女子面部刻画细腻，表情丰富，五官端正，比例恰当。身材修长，手指纤细，体态婀娜，线条柔美。头饰美观，发髻刻画细致，袖口裙摆迎风摆动，衣服、飘带褶皱自然。刀法运用合理，刀面平整光滑，表面处理得当。
设计创新	30	构图美观，画面整体和谐，色彩搭配合理。身体比例恰当，身材曲线玲珑，身姿曼妙，让人有"君子好逑"之感。原料运用合理，色彩质地符合人物雕刻的一般要求。

◆ 拓展项目

麻姑献寿、天女散花、嫦娥奔月、仕女等。

综合项目篇

项目十三

长寿宴雕刻作品设计与制作

 项目引入

爱老、敬老是中华民族的传统美德。崇尚人生礼俗、民俗风情，也是弘扬民族文化的体现。为长辈举办各式生日寿宴，是弘扬敬老美德、表达晚辈爱意的传统方式。

 项目目标

完成长寿宴雕刻作品设计与制作。在完成该项目的过程中，使学生真正掌握针对宴会性质进行项目分析、资料收集，并结合自身知识、技能的特点，进行设计、制作食品雕刻作品。

 项目任务

（1）通过网络、图书等，查阅有关祝福长寿的典故及表达祝福长寿的物品。

（2）结合有关典故或进行创新，设计完成长寿宴雕刻作品设计。

（3）根据设计内容，完成长寿宴雕刻作品制作。

第一部分　项目分析

一、常用于表达祝福长寿的物品

动物：主要有鹿、麒麟、龟、鹤等。

植物：主要有松树、柏树、椿树、萱草、桃等。

二、关于祝福长寿的诗词典故

◆ 东方朔捧桃

东方朔是古代传说中的神奇人物。《古小说钩沉》辑《汉武故事》中记载："东郡送一短人……召东方朔问，朔至……（短人）指朔谓上曰：'王母种桃，三千年一作子，此儿不良，已三过偷之矣'。"民间的传统绘画"东方朔捧桃"或"东方朔偷桃"常用来祝颂有才能或有口才的人的寿辰（见图13-1）。

图 13-1

（图片来源：http://auction.artxun.com/pic-472058846-0.html）

◆ **麻姑献寿**

麻姑是古代神话中的仙女。葛洪《神仙传》说她为建昌人，修道于牟州东南姑余山。东汉桓帝时应王方平之召，降于蔡经家，能"掷米成珠。"相传三月三日西王母寿辰，麻姑在绛珠河畔以灵芝酿酒，为王母祝寿。故旧时祝女寿者，多绘麻姑像赠送，称"麻姑献寿"（见图 13-2）。

图 13-2

（图片来源：http://yz.sssc.cn/item/view/239058）

◆ **寿星**

寿星，中国神话中的长寿之神，为福、禄、寿三星之一，又称南极老人星。近代所奉寿星之形象，皆为宽额大耳，慈眉善目，白髯飘胸，挂一弯弯曲曲的长拐杖，高额、长头，象征长寿（见图 13-3）。

图 13-3

（图片来源：http://www.people.com.cn/BIG5/14738/14763/21875/3028040.html）

◆松鹤延年

传说中的鹤是一种仙禽，据《雀豹古今注》中记载："鹤千年则变成苍，又两千岁则变黑，所谓玄鹤也"。可见古人认为鹤是多么长寿了。因而鹤常被认为鸟中长寿的代表。松在古代被认为是百木之长，在古籍中亦载："松柏之有心也，贯四时而不改柯易叶。"所以，松除了是一种长寿的象征外，也常常作为有志有节的代表和象征。松鹤延年则寓延年益寿或志节清高之意（见图 13-4）。

图 13-4

（图片来源：http://www.nipic.com/show/2/38/bcb00511a9f48bc1.html）

◆ 鹿鹤衔芝

鹿与"禄"字谐音，象征吉祥长寿和升官之意。传说千年为苍鹿，两千年为玄鹿。故鹿乃长寿之仙兽。鹿经常与仙鹤一起保卫灵芝仙草。"鹿"字又与三吉星："福、禄、寿"中的禄字同音，因此它在有些图案中亦用来表示长寿和繁荣昌盛，寓示延年益寿，健康吉祥，永葆青春。

新时代对鹿又有新的解释，发财有"路"，取其谐音"大吉大利，发财有道"之意（见图 13-5）。

图 13-5

（图片来源：http://item.jd.com/1038278385.html）

◆ 齐梅祝寿

寿带鸟又名绶带鸟、白带子、紫带子等，寓意着幸福长寿。我国的传统工艺品中，常借用寿带鸟的美好寓意表达良好的祝愿。在中国明、清两代的青花瓷器中常见"花卉绶带鸟纹"图。"齐梅祝寿"（见图 13-6）就是根据"举案齐眉"的故事，绘成一对绶带鸟双栖双飞在梅花与竹枝间的瑞图，以双寓"齐"，以梅谐"眉"，以竹谐"祝"，以绶谐"寿"，寓意夫妻恩爱相敬，白头偕老。

（图片来源：http://www.huitu.com/design/show/20120822/094831146309.html）

图 13-6

三、完成基础

经过前面一些项目知识与技能的积累，学生已基本了解了人物、兽类、鸟类、花卉、水产类作品的雕刻方法。经过基础项目的设计与制作，对项目设计的方法、流程有了清晰的认识，为综合项目的设计与制作积累了经验。完成本项目需要的基础知识和技能详见表 13-1。

表 13-1　　　　　　　　　　　　　长寿宴雕刻完成基础

序号	知识技能基础	知识技能类型	知识技能获得	知识技能运用	应用项目
（1）	齐梅祝寿	完整项目	项目四：齐梅祝寿	直接运用于该项目	项目十三：长寿宴雕刻作品设计与制作（齐梅祝寿）
（2）	女子	人物	项目十二：窈窕淑女	拓展雕刻麻姑、寿星等人物	项目十三：长寿宴雕刻作品设计与制作（麻姑献寿、寿星、东方朔捧桃）
（3）	马	兽类	项目十一：马到成功	拓展雕刻鹿	项目十三：长寿宴雕刻作品设计与制作（鹿鹤衔芝）
（4）	龙	兽类	项目十：蛟龙出水	拓展雕刻龙头拐杖	项目十三：长寿宴雕刻作品设计与制作（寿星）
（5）	小鸟	鸟类	项目三：鸟语花香	拓展延伸雕刻仙鹤	项目十三：长寿宴雕刻作品设计与制作（松鹤延年）
（6）	寿带鸟		项目四：齐梅祝寿	拓展延伸雕刻仙鹤	
（7）	孔雀		项目五：孔雀迎宾	拓展延伸雕刻仙鹤	
（8）	凤凰		项目六：丹凤朝阳	拓展延伸雕刻仙鹤	
（9）	烹饪美学	美学知识	烹饪美学课程	直接运用	各种项目

第二部分　项目实施

一、项目名称

长寿宴雕刻作品设计与制作

二、项目要求

长寿宴雕刻作品设计与制作，是根据寿宴规格、祝寿对象、年龄、习俗、信仰、喜好等要素，有目的地进行食品雕刻作品的主题创作设计。根据构图设计要求色彩协调互补、动静结合的原则，在突出寿宴内涵的基础上，制作出符合寿宴主题宴席要求的食品雕刻作品。

三、资料查询

（1）孔令海.泡沫·琼脂·冰雕技法与应用［M］.沈阳：辽宁科学技术出版社，2003：25–26.

（2）李顺才.李顺才食雕技法［M］.南京：江苏科学技术出版社，2004：45–46.

（3）邓耀荣，陈洪波.果蔬雕刻［M］.广州：广东经济出版社，2003：63.

（4）周文涌，张大中.食品雕刻技艺实训精解［M］.北京：高等教育出版社，2012：191–196.

（5）快乐驿站.松鹤延年［EB/OL］.http：//v.ku6.com/show/WtfJmgVqzyesLEF2.html.

四、评分标准

长寿宴雕刻作品评分标准见表 13–2。

表 13–2　　　　　　　　　　　　　　　　长寿宴雕刻作品评分标准

指标	总分	评分标准
雕刻质量	70	作品形象生动，栩栩如生，比例恰当，刀法合理，刀工精致。
设计创新	30	设计符合传统审美情趣，构思精巧，主题突出，布局合理。或者设计大胆创新，虽超出传统，但可被理解接受，能让人产生祝福长寿之联想和愉悦的心理感受。

五、演示案例——松鹤延年

◆ 原料选择

大白萝卜（见图13-7）、紫茄子（见图13-8）、松叶等。

◆ 刀具选用

切片刀、平口刀、U形刀（见图13-9）。

图 13-7

图 13-8

图 13-9

◆ 雕刻刀法

刻、旋、插、批等。

◆ 雕刻过程

（1）用切片刀将白萝卜一头切成对称的斜面（见图13-10），再用平口刀雕刻出仙鹤头部外形轮廓（见图13-11）。

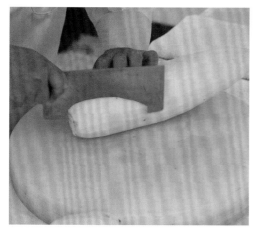

图 13-10

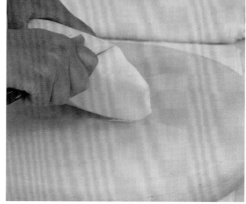

图 13-11

（2）刻出仙鹤身体的轮廓（见图 13-12、图 13-13）。

 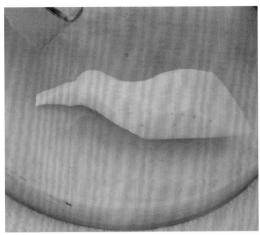

图 13-12   图 13-13

（3）用平口刀刻出鹤的喙（见图 13-14）、头部、颈部及后背（见图 13-15）。

图 13-14   图 13-15

（4）用 U 形刀插出背部和尾部的分隔线（见图 13-16），将背部修光滑，用 U 形刀插出尾部羽毛（见图 13-17、图 13-18），旋掉尾羽下面的一层废料（见图 13-19）。

图 13-16   图 13-17

图 13-18　　　　　　　　　　　　图 13-19

（5）刻出鹤腿（见图 13-20），将鹤的身体修整光滑，使线条自然柔和（见图 13-21）。

图 13-20　　　　　　　　　　　　图 13-21

（6）用切片刀批掉紫茄子皮上的茄肉（见图 13-22），再用平口刀将茄子皮刻成仙鹤尾羽（见图 13-23、图 13-24），并插入第一层尾羽下层（见图 13-25），完成仙鹤尾部的装饰。

图 13-22　　　　　　　　　　　　图 13-23

图 13-24

图 13-25

（7）取两片白萝卜合并在一起，用平口刀刻出鹤翅的轮廓（见图 13-26、图 13-27）。

图 13-26

图 13-27

（8）刻出翅膀绒羽与正羽之间的分隔线（见图 13-28），用 U 形刀插出翅膀的绒羽（见图 13-29）。

图 13-28

图 13-29

（9）用 U 形刀插出翅膀的正羽（见图 13-30）。然后用同样的方法刻出另一只翅膀（见图 13-31）。

图 13-30　　　　　　　　　　　　　图 13-31

（10）用牙签将翅膀固定在鹤的身体上（见图13-32）。再用同样的方法刻出几只形态各异的仙鹤（见图13-33）。

图 13-32　　　　　　　　　　　　　图 13-33

（11）给仙鹤装上仿真眼，用竹签固定在用白萝卜雕好的假山上（见图13-33）。最后，在假山周围点缀翠绿色松叶（见图13-34），即完成了寿宴主题雕刻"松鹤延年"（见图13-35）。

图 13-34　　　　　　　　　　　　　图 13-35

项目十四

婚庆宴雕刻作品设计与制作

🔥 项目引入

婚庆宴是指在婚礼中，为了庆祝结婚而举办的宴会。在中国，婚宴通常称作吃喜酒。婚礼是一种法律公证仪式或宗教仪式，用来庆祝一段婚姻的开始，代表结婚。婚礼把整个婚嫁活动推向了高潮，婚庆宴则是高潮的顶峰。

🔥 项目目标

了解表达祝福婚姻美满的物品及其表达祝福的方式；进一步掌握根据宴会性质，结合自身技能特点，进行主题作品的设计与制作的方法、流程。培养学生了解婚姻文化内涵，以及通过图片、视频等途径进行设计与制作的能力。

🔥 项目任务

（1）通过网络、书籍、图片等途径，查阅有关祝福婚姻幸福的物品及典故。

（2）自身知识、技能的分析。

（3）结合有关典故，设计、完成婚庆宴雕刻作品。

第一部分　项目分析

一、常用于表达祝福婚姻美满的物品

动物：主要有龙凤、喜鹊、蝴蝶、鸳鸯等。

植物：主要有玫瑰、百合、薰衣草、迷迭香、郁金香、勿忘我等。

物品：主要有彩桶、彩条、胸花、红玫瑰、喜字、花廊、彩虹门、红地毯、喜庆红烛、气球、花车、心形等。

二、关于祝福婚姻幸福的文化典故

◆ 花好月圆

花好月圆指花儿正盛开，月亮正圆满，比喻美好圆满，多用于祝贺新婚。出自宋代张先《木兰花》词："人意共怜花月满，花好月圆人又散。欢情去逐远云空，往事过如幽梦断。"宋代晁端礼《行香子》词中也有记载："莫思身外，且斗樽前，原花长好，人长健，月长圆。"（见图14-1）。

图 14-1

（图片来源：http://www.nipic.com/show/4/111/5055310k8e6481d1.html）

◆ 鸳鸯戏水

鸳鸯最有趣的特性是"止则相耦，飞则成双"。大诗人卢照邻在《长安古意》中写道："得成比目何辞死，愿作鸳鸯不羡仙。比目鸳鸯真可羡，双去双来君不见？"

鸳鸯经常成双入对，在水面上相亲相爱，悠闲戏水，风韵迷人。千百年来，鸳鸯一直是夫妻和睦相处、相亲相爱、白头偕老的美好象征，也是中国文艺作品中坚贞不移的纯洁爱情的化身，备受赞颂。鸳鸯在清波明湖之中的亲昵举动，通过联想产生的美好愿望，是人们将自己的幸福理想赋予了美丽的鸳鸯（见图 14-2）。

图 14-2

（图片来源：http://www.duitang.com/people/mblog/98802545/detail/）

◆ 龙凤呈祥

"龙凤呈祥"语出《孔丛子·记问》："天子布德，将致太平，则麟凤龟龙先为之呈祥。"

龙有喜水、好飞、通天、征瑞、示威等神性；凤有喜火、秉德、尚洁、示美、喻情等神性。神性的互补和对应，使龙和凤走到了一起：一个是众兽之君，一个是百鸟之王；一个变化飞腾而灵异，一个高雅美善而祥瑞。在中国传统观念中，龙和凤代表着吉祥如意，龙凤一起使用多表示喜庆之事（见图 14-3）。

图 14-3

◆ 百年好合

"百年好合"出自《粉妆楼》第一回："百年和合，千载团圆恭喜。"

百年指的是人生百年，好合就是好好地在一起，不离不弃。常用于祝福，或者希望被祝愿的双方能一辈子和睦相处，和和美美地在一起。表达了祝愿者的美好祝福（见图14-4）。

图 14-4

（图片来源：http://www.shizixiumaimai.com/stores/item.asp?id=18252）

◆ 和合二仙

和合二仙是民间传说之神，为拾得与寒山两位名僧之合称，主婚姻和合，故亦作和合二圣。

相传拾得与寒山亲如兄弟，共爱一女。临婚，寒山得悉，即离家为僧，拾得亦舍女去寻觅寒山，相会后，两人俱为僧，立庙"寒山寺"。自是，世传之和合神像亦一化为二，然而僧状，犹为蓬头之笑面神，一持荷花，一捧圆盒，意为"和（荷）谐合（盒）好"。婚礼之日必挂悬与花烛洞房之中，或常挂于厅堂，以图吉利（见图14-5）。

图 14-5

（图片来源：http://jianzhimanhua.blog.sohu.com/109008840.html）

◆ 比翼双飞

"在天愿作比翼鸟，在地愿为连理枝"，这是唐代大诗人白居易所作《长恨歌》中的名句。比翼，是中国古代传说中的鸟名，又名鹣鹣。此鸟仅一目一翼，雌雄须并翼飞行，故常比喻恩爱夫妻，亦比喻情深谊厚、形影不离的朋友。连理枝是指两棵树的枝干合生在一起，表达男女对爱情的忠贞不渝（见图14-6）。

图 14-6

（图片来源：http://www.birdnet.cn/thread-383445-1-1.html）

三、完成基础

随着知识与技能的不断积累，学生已初步掌握花、鸟、虫、鱼、兽、人物等类型作品的雕刻方法，经适当的拓展，可以完成本项目的设计与制作。完成本项目需要的基础知识和技能详见表 14-1。

表 14-1   婚庆宴雕刻项目完成基础

序号	知识技能基础	知识技能类型	知识技能获得	知识技能运用	应用项目
（1）	龙	兽类	项目十：蛟龙出水	直接运用于该项目	项目十四：婚庆宴雕刻作品设计与制作（龙凤呈祥）
（2）	凤凰	鸟类	项目六：丹凤朝阳	直接运用于该项目	项目十四：婚庆宴雕刻作品设计与制作（龙凤呈祥）
（3）	多种花卉	花卉类	项目二：百花齐放	直接运用，并可进行拓展雕刻百合花、荷花等	项目十四：婚庆宴雕刻作品设计与制作（和合二仙、百年好合、鸳鸯戏水、花好月圆）
（4）	凤凰	鸟类	项目六：丹凤朝阳	拓展雕刻鸳鸯、丹顶鹤	项目十四：婚庆宴雕刻作品设计与制作（鸳鸯戏水、比翼双飞）
（5）	寿带鸟		项目四：齐梅祝寿		项目十四：婚庆宴雕刻作品设计与制作（鸳鸯戏水、比翼双飞）
（6）	孔雀		项目五：孔雀开屏		项目十四：婚庆宴雕刻作品设计与制作（鸳鸯戏水、比翼双飞）
（7）	女子	人物	项目十二：窈窕淑女	拓展雕刻和合二位神仙	项目十四：婚庆宴雕刻作品设计与制作（和合二仙、百年好合）

第二部分 项目实施

一、项目名称

婚庆宴雕刻作品设计与制作

二、项目要求

能针对项目主题，经过合理分析，充分运用自己所学的知识和技能，并进行必要地技能拓展与迁移，设计并完成婚庆宴雕刻作品。作品应充分突出主题，构图美观，色彩喜庆，用料合理，刀法恰当，刀工精湛。

三、资料查询

（1）周毅.周毅食品雕刻——花鸟篇［M］.北京：中国纺织出版社，2009：93-94.

（2）李顺才.李顺才食雕技法［M］.南京：江苏科学技术出版社，2004：48.

（3）李凯.食品雕刻基础教程［M］.成都：四川科学技术出版社，2008：72-78.

（4）中国民间信仰：和合二仙寓意和谐合好［EB/OL］.http://www.china.com.cn/culture/minsu/2010-04/02/content_19738114.htm.

四、评分标准

根据项目设计的合理性、美观性及作品的质量给予评分。婚庆宴雕刻作品评分标准见表14-2。

表14-2　　　　　　　　婚庆宴雕刻作品评分标准

指标	总分	评分标准
雕刻质量	70	作品生动逼真。鸟类嘴部、头部、身体线条流畅，符合鸟类身体结构特征；人物动作协调，表情自然，身体及面部比例合理。刀法娴熟，刀面平整，刀工精湛。
设计创新	30	设计合理，构图美观，虚实结合，色彩运用自然合理。整个作品主题突出，能让人产生祝福婚姻美满、幸福、长久的美好联想。

五、演示案例——花好月圆

◆ 原料选择

南瓜、白萝卜（见图 14-7）。

◆ 刀具选用

平口刀、切片刀、U 形刀、V 形刀、掏刀等（见图 14-8）。

图 14-7

图 14-8

◆ 雕刻刀法

批、插、刻、掏、画。

◆ 雕刻过程

（1）取大白萝卜，切 2 片厚约 1 厘米的片（见图 14-9），并用 502 胶粘牢（见图 14-10）。

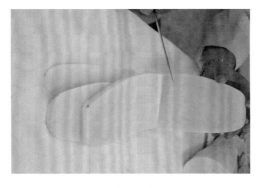

图 14-9

图 14-10

（2）用画笔画出圆（见图 14-11），将萝卜批平整（见图 14-12）。

（3）将修好的月亮固定于刻好的假山上（见图 14-13）。画出树枝的线条，并刻出树枝的轮廓（见图 14-14），继而用 U 形刀插出树枝上的凹凸（见图 14-15）。

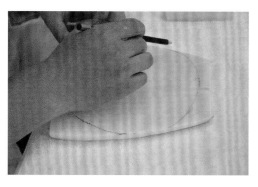

图 14-11　　　　　　　　　　　　　图 14-12

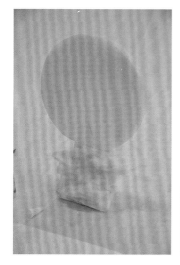

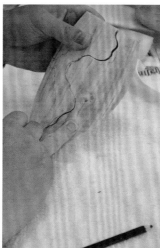

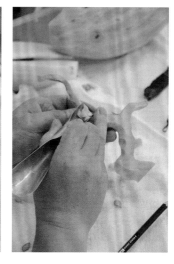

图 14-13　　　　　　　图 14-14　　　　　　　图 14-15

（4）将刻好的树枝粘于月亮与假山之上（见图 14-16），再粘些树枝作为树杈（见图 14-17）。

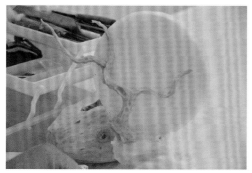

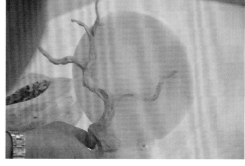

图 14-16　　　　　　　　　　　　　图 14-17

（5）用大号 U 形刀，插出一片中间凹陷、呈弧形、有一定厚度的片（见图 14–18），再用平口刀把边缘修成波浪形（见图 14–19）。

图 14–18

图 14–19

（6）用掏刀在弧形圆片中间掏出一些凹槽，使圆片（牡丹花瓣）呈现一定的弧度（见图 14–20、图 14–21）。用同样的方法修出由大到小花瓣约 40 片。

图 14–20

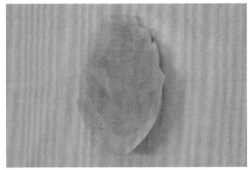

图 14–21

（7）修一圆片作为底座（见图 14–22）。南瓜切成丝，并用 502 胶粘于底座上（见图 14–23）。

图 14–22

图 14–23

（8）将白萝卜切成末（见图 14–24），撒在南瓜丝上（见图 14–25）。

图 14–24

图 14–25

（9）用 502 胶，将刻好的花瓣由小到大，由内向外，每层 4 ~ 5 片，逐层黏在底座上（见图 14–26、图 14–27）。

图 14–26

图 14–27

（10）用同样的方法，再做出一朵牡丹花。用牙签将花固定在做好的树枝上（见图 14–28、图 14–29）。

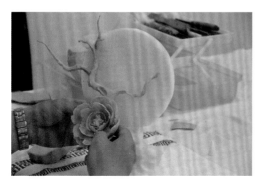

图 14–28

图 14–29

（11）用大号U形刀，在南瓜上插出3个相连的凹槽，用掏刀拉出纹脉（见图14–30），用平口刀刻划出边缘的轮廓（见图14–31）。

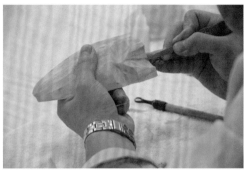

图 14–30　　　　　　　　　图 14–31

（12）用平口刀取下3个相连的厚片，作为牡丹花叶片的坯料（见图14–32）。用平口刀将叶片下面修平整光滑（见图14–33），即为牡丹树叶（见图14–34）。

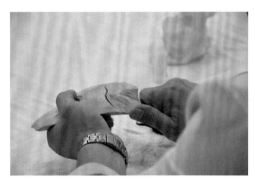

见图 14–32　　　　　　　　　图 14–33

图 14–34

（13）将牡丹树叶粘在树枝上，即完成项目——花好月圆（见图14-35）。

图 14-35

项目十五

庆功宴雕刻作品设计与制作

 项目引入

庆功宴一般是分享亲朋好友成功的喜悦，并献上再创新高的祝福的宴会。宴会中的食品雕刻作品常用老鹰、马、鲤鱼、牡丹花等元素来构建出"大展鸿图"、"锦绣前程"、"马到成功"、"独占鳌头"等主题，烘托宴会美好祝愿的气氛。

 项目目标

通过该项目的教学，要求学生了解表现庆功宴主题的元素，并能对各种单一元素进行合理组合来表现主题。依托学习过的雕刻作品，并在此基础上进行拓展，雕刻出表现庆功宴主题的作品，如老鹰、鲤鱼、鼓、牡丹花等。进一步强化根据宴会主题进行项目设计与制作的能力。

 项目任务

（1）完成庆功宴雕刻作品的设计。

（2）完成表现庆功宴的元素的雕刻。

（3）进行合理组合，完成庆功宴雕刻作品的制作。

201

第一部分 项目分析

一、常用于表达庆功的物品

动物：马、鲤鱼、老鹰、孔雀等。

植物：竹、芙蓉花、兰花、牡丹花。

物品：锣鼓、鞭炮、灯笼、毛笔、书简、祥云。

二、关于表达庆功的诗词典故

◆ 鹏程万里

"鹏程万里"语出《庄子·逍遥游》："鹏之徙于南冥也，水击三千里，抟扶摇而上者九万里。"即：北方大海里有种很大的鱼叫"鲲"，时间长了就变成很大的鸟叫"鹏"，其翅膀像天上的云彩那么大，一飞起来就是九万里高，后来飞到南海里去了。鹏程万里往往比喻前程远大（见图15-1）。

图 15-1

（图片来源：http：//www.nipic.com/show/2/27/4134673k57d9b21e.html）

◆ 独占鳌头

"独占鳌头"语出元代杂剧《陈州粜米》楔子："殿前曾献升平策，独占鳌头第一名。"亦作"独占鼇头"。科举时代称中状元。据说皇宫殿前石阶上刻有巨鳌，自唐代始，状元在迎榜时要站在鳌头之上，称为"魁星点斗，独占鳌头"。现在比喻以独特的优势，赢得首位或第一名，表庆功之意（见图15-2）。

图 15-2

（图片来源：http://www.cfucn.com/e/DoPrint/?classid=153&id=9447）

◆ 鲤鱼跳龙门

古代传说黄河鲤鱼跳过龙门（指的是黄河从壶口咆哮而下的晋陕大峡谷的最窄处的龙门，今称禹门口），就会变化成龙。《尔雅·释鱼》中记载："俗说鱼跃龙门，过而为龙，唯鲤或然。"清代李元在《蠕范·物体》中写道："鲤……黄者每岁季春逆流登龙门山，天火自后烧其尾，则化为龙。"后以"鲤鱼跳龙门"比喻中举、升官等飞黄腾达之事，后来又用来比喻逆流前进，奋发向上（见图15-3）。

图 15-3

（图片来源：http：//www.nipic.com/show/4/79/6f2d6e93b2020c49.html）

◆ 锦上添花

"锦上添花"语出宋代王安石《即事》诗："嘉招欲覆杯中渌，丽唱仍添锦上花。"宋代黄庭坚《了了庵颂》诗："又要涪翁作颂，且图锦上添花。"意指在美丽的锦织物上再添加鲜花。此外，清代李渔《凰求凤·让封》载："三位夫人恭喜贺喜，又做了状元的夫人，又进了簇新的房子，又释了往常的嫌隙，真个是锦上添花。"现在比喻略加修饰和努力，使美者更美，更为出色、成功。引申比喻：对成就的庆祝，并祝愿在原有成就基础上更进一步（见图 15-4）。

图 15-4

（图片来源：http://www.nipic.com/show/2/27/636774a3e8a0dc77.html）

◆ 金榜题名

金榜在科举时代称殿试揭晓的榜；题名是指写上名字。金榜题名指科举得中。语出五代王定保《唐摭言》："何扶，太和九年及第；明年，捷三篇，因以一绝寄旧同年曰：'金榜题名墨上新，今年依旧去年春。花间每被红妆问，何事重来只一人。'"

作为人生四大乐事之一的"金榜题名"，很显然值得庆贺一番，以表达亲朋好友对中榜者的祝福。

三、完成基础

通过前一阶段的教学与实践，学生已基本具备综合性项目设计与制作的能力。完成庆功宴制作所需的技能与知识在其他项目中已经学习或通过拓展可以获得。这些基础知识和技能详见表 15-1。

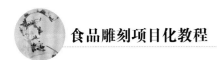

表 15-1   庆功宴雕刻作品完成基础

序号	知识技能基础	知识技能类型	知识技能获得	知识技能运用	应用项目
（1）	马到成功	完整项目	项目十一：马到成功	直接运用于该项目	项目十五：庆功宴雕刻作品设计与制作（马到成功）
（2）	鲨鱼	鱼类	项目九：海底世界	拓展雕刻鲤鱼	项目十五：庆功宴雕刻作品设计与制作（鲤鱼跳龙门）
（3）	凤	鸟类	项目六：丹凤朝阳	拓展雕刻锦鸡	项目十五：庆功宴雕刻作品设计与制作（锦上添花）
（4）	孔雀	鸟类	项目五：孔雀开屏	拓展雕刻老鹰	项目十五：庆功宴雕刻作品设计与制作（鹏程万里）
（5）	多种花卉	花卉	项目二：百花齐放	拓展雕刻牡丹花、芙蓉花、兰花等	项目十五：庆功宴雕刻作品设计与制作（锦上添花）
（6）	桥、塔	建筑类	项目八：雁塔题名	拓展雕刻龙门	项目十五：庆功宴雕刻作品设计与制作（鲤鱼跳龙门）
（7）	美学基本知识	构图、色彩等知识	烹饪工艺美术课程	运用于项目设计与制作	所有项目

第二部分 项目实施

一、项目名称

庆功宴雕刻作品设计与制作

二、项目要求

能围绕项目主题，合理运用体现主题元素的雕刻作品进行组配，展现庆功宴主题。雕刻作品的原料运用合理、色彩搭配自然；元素运用合理，作品形态逼真，组合主次分明、疏密有致。

三、资料查询

（1）周文涌，张大中.食品雕刻技艺实训精解［M］.北京：高等教育出版社，2012：163–167.

（2）周毅.周毅食品雕刻——花鸟篇［M］.北京：中国纺织出版社，2009：88–89.

（3）卫兴安.食品雕刻图解［M］.北京：中国轻工业出版社，2014：20–21.

（4）李凯.食品雕刻基础教程［M］.成都：四川科学技术出版社，2008：34–37.

（5）朱诚心.冷拼与食品雕刻［M］.北京：中国劳动社会保障出版社，2014：109–110.

（6）孔令海.泡沫·琼脂·冰雕技法与应用［M］.沈阳：辽宁科学技术出版社，2003：46.

四、评分标准

庆功宴雕刻作品评分标准见表15–2。

表 15–2　　庆功宴雕刻作品评分标准

指标	总分	评分标准
雕刻质量	70	在"鹏程万里"项目中，鹰的造型强壮有力，展翅腾飞，凶猛夸张；"锦上添花"项目中，锦鸡雕刻的刀法细腻，神态悠闲，花团锦簇；"鲤鱼跳龙门"项目中，鲤鱼跳跃有力，身体舒展弯曲，鳃、鳞、鳍等刻画细致；"金榜题名"项目中，突出主题，文化氛围浓郁；"独占鳌头"项目中，鳌头逼真，浪花自然，人物完全把控局面。项目整体均能体现"庆功"这一主题。
设计创新	30	设计合理，构图美观，虚实结合，色彩运用自然。整个作品主题突出，能够烘托出在庆功宴中人们对取得成绩并期望不断提高的美好祝愿。

五、演示案例——金榜题名

◆ 原料选择

南瓜、心里美萝卜、白萝卜、胡萝卜（见图15-5）。

◆ 刀具选用

切片刀、平口刀、U形刀、拉刀、掏刀（见图15-6）。

图15-5

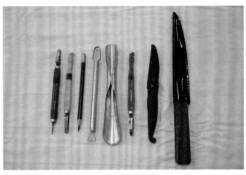

图15-6

◆ 雕刻刀法

刻、批、旋。

◆ 雕刻过程

（1）花枝底座的固定。选用白萝卜一根，用切片刀将其切成两块4厘米宽、15厘米长的厚片，黏贴到一起，成为底座（见图15-7）。自制一个五条花枝的花架，将其固定在底座上（见图15-8）。

图15-7

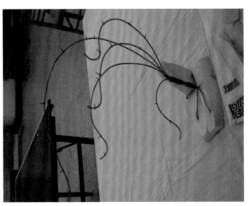

图15-8

（2）刻假山底部。选用三截萝卜，在底座上以横两块、纵一块拼接，作为假山底部的坯料（见图15-9）。用大号掏刀修刻出假山大形，用中号拉刀在假山坯料上拉出自然的凹坑，使其更加自然（见图15-10）。

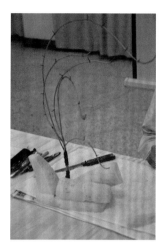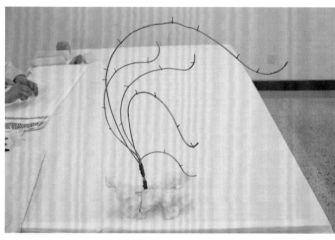

图 15-9   图 15-10

（3）刻花叶。取青南瓜，去皮，用切片刀修成0.5厘米厚、15厘米长的薄片，用平口刀修成两头呈圆弧形的花叶，采用同样方法做成7~8片（见图15-11）；把修好的花叶用手轻轻地掰弯曲，使其有自然翻翘的弧度，然后分层次粘贴在花架的底部（见图15-12）。

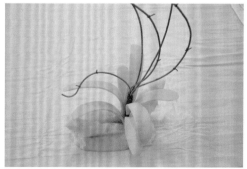

图 15-11   图 15-12

（4）刻蝴蝶兰。选心里美萝卜，用切片刀切成2个2厘米的厚片，分别修成拉长的水滴形和腰果形（见图15-13）；再用平口刀将水滴批出3片花萼，将腰果形萝卜批出2片花瓣（见图15-14）。注意：每片花萼、花瓣厚度不超过1.5毫米，有弧度。

<table>
<tr><td align="center">图 15-13</td><td align="center">图 15-14</td></tr>
</table>

　　将三片花萼拼接在一起（见图 15-15），再将两片花瓣立式粘贴在外层花瓣中间（见图 15-16、图 15-17）。

<table>
<tr><td align="center">图 15-15</td><td align="center">图 15-16</td></tr>
</table>

图 15-17

选用胡萝卜、白萝卜，用平口刀将其修成约 0.5 厘米直径的小圆球作为蝴蝶兰的蕊柱（见图 15–18 ）。

图 15–18

将蕊柱粘贴在兰花的中央（见图 15–19 ）。再用心里美萝卜修出小椭圆形，作为蝴蝶兰的花苞（见图 15–20 ）。

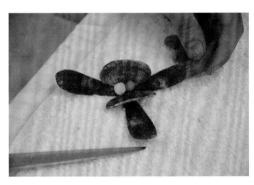

图 15–19

图 15–20

（5）花枝组装。将蝴蝶兰、花苞粘到花枝上，数量、方向可根据兰花的生长规律粘连（见图 15–21、图 15–22 ）。

图 15-21   图 15-22

（6）竹简的制作。选用青南瓜，去皮，切成 1 厘米厚、15 厘米长的厚片三块，拼接在一起（见图 15-23），用平口刀将其表面批平（见图 15-24）。

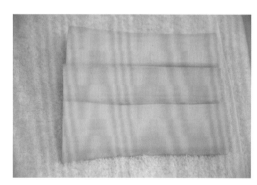

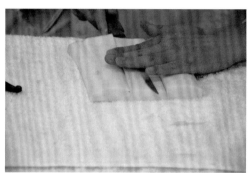

图 15-23   图 15-24

用大号 U 形刀在连接处推出凹槽（见图 15-25），再用平口刀将其表面修光洁，弧度自然（见图 15-26）。

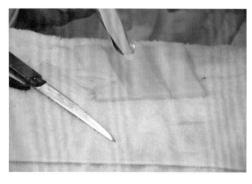

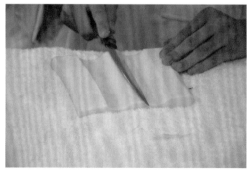

图 15-25   图 15-26

将南瓜修出一根长 15 厘米、直径 1.5 厘米的圆柱体，使其与竹简的宽度一致（见图 15-27）。用胶水将圆柱与竹简的一边黏合（见图 15-28）。

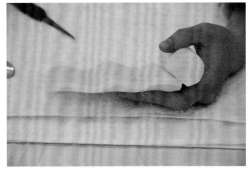

<table>
<tr><td>图 15-27</td><td>图 15-28</td></tr>
</table>

用小号拉刀拉出纵向直线纹路，间距 1 厘米左右。横向拉出上下两条纹路，纹路距上下边缘各 2 厘米（见图 15-29）。用拉刀在胡萝卜上拉出两条细条，粘贴在横向的上下纹凹槽内（见图 15-30）。

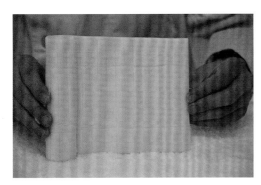
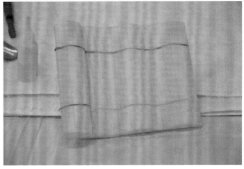

<table>
<tr><td>图 15-29</td><td>图 15-30</td></tr>
</table>

用心里美萝卜雕刻两朵月季花，南瓜皮刻出枝、叶。将其粘贴在竹简上，作为装饰（见图 15-31、图 15-32）。

<table>
<tr><td>图 15-31</td><td>图 15-32</td></tr>
</table>

（7）雕刻其他配件。用平口刀将胡萝卜刻出一支长约18厘米的毛笔（见图15-33），用心里美萝卜刻出一支墨缸，用白萝卜刻出一朵祥云（见图15-34），然后将三者组合起来（见图15-35）。

图 15-33

图 15-34

图 15-35

（8）将各种配件组合，完成"金榜题名"项目（见图 15-36）。

图 15-36

项目十六

 迎宾宴雕刻作品设计与制作

 项目引入

"有朋自远方来，不亦乐乎！"表达了人们迎接远道而来的朋友时的愉快心情。"花径不曾缘客扫，蓬门今始为君开。"见证了杜甫迎接客人时的热情与兴奋。

当有嘉宾时，可以"鼓瑟吹笙"，以表达欢迎之意，也可以在举行迎宾宴时，通过雕刻作品表达喜悦之情。

 项目目标

让学生了解常用于表达迎宾的物品及其表达祝福的方式。使学生能根据宴会性质收集资料，并以自身知识和技能为基础，进行迎宾宴雕刻作品的设计与制作。进一步培养学生创新、设计、制作主题宴会雕刻作品的能力。

 项目任务

（1）通过网络、图书等渠道，查阅有关表达迎宾之意的物品及典故。

（2）对自身知识、技能的分析。

（3）结合有关典故，设计、完成迎宾宴雕刻作品。

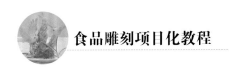
第一部分　项目分析

一、常用于表达迎宾的物品

动物：孔雀、喜鹊等。

植物：迎客松、白郁金香、水仙、仙客来、凤仙子、滨菊等。

物品：灯笼、鞭炮、礼花、礼炮等。

二、关于表达迎宾的诗词典故

◆ 倒屣迎宾

《三国志》记载：献帝西迁，粲徙长安，左中郎将蔡邕见而奇之。时邕才学显著，贵重朝廷，常车骑填巷，宾客盈坐。闻粲在门，倒屣迎之。粲至，年既幼弱，容状短小，一座尽惊。邕曰："此王公孙也，有异才，吾不如也。吾家书籍文章，尽当与之。"

◆ 截发迎宾

陶侃是晋朝大将军，其父为三国时代东吴的阳武将军陶丹，但他在陶侃很小时就去世了，也没有留下什么财产。陶侃之母湛氏，日夜纺纱织布，非常辛苦地把陶侃养大，并督促他努力读书，教导他将来一定要有出息。

据《晋书·陶侃母湛氏传》记载：陶侃年轻时家境贫寒，一次范逵来到他们家投宿，没有东西招待客人。他母亲湛氏悄悄剪下头发卖给邻人，买了些酒菜招待范逵。范逵知道此事后赞叹说："非此母不生此子。"

◆ 扫榻相迎

"扫榻相迎"是指把床打扫干净以迎接客人，对客人表示欢迎的意思。出自《后汉书·徐穉传》："蕃在郡不接宾客，唯穉来特设一榻，去则县（悬）之。"宋朝陆游《寄题徐载叔东庄》诗云："南台中丞扫榻见，北门学士倒屣迎。"

◆ 鹿鸣

《鹿鸣》是《诗经》中的一首宴饮诗，它比较生动地表达了迎接宾客时的喜悦与热情。全文如下：

呦呦鹿鸣，食野之苹。我有嘉宾，鼓瑟吹笙。吹笙鼓簧，承筐是将。人之好我，示我周行。

呦呦鹿鸣，食野之蒿。我有嘉宾，德音孔昭。视民不恌，君子是则是效。我有旨酒，嘉宾式燕以敖。

呦呦鹿鸣，食野之芩。我有嘉宾，鼓瑟鼓琴。鼓瑟鼓琴，和乐且湛。我有旨酒，以燕乐嘉宾之心。

◆ 喜上眉梢

喜鹊在民间常作为吉祥的象征，因此在一些诗歌中常有喜鹊报喜的描述。乾隆在《喜鹊》中写道："喜鹊声喳喳，俗云报喜鸣。"喜鹊欢叫，还作为有宾朋到来的喜兆，因而有"喜鹊叫，贵客到"之说。著名词人苏轼曾这样写道："终日望君君不至，举头闻鹊喜"。生动地表达了苏轼盼望好友到来，却又迟迟未能等到的急切心情，当听到喜鹊鸣叫的时候，喜悦开心之情，溢于言表。

由于喜鹊以"喜"为名，因此许多文人雅士不仅写诗言喜，还常画鹊兆喜，最具代表性的莫如齐白石的《喜鹊登梅》（见图 16–1）、徐悲鸿的《红眉喜鹊》（见图 16–2）。其实这样的画，都表达了同样的意思——喜上眉（梅）梢，经常用于表达遇到知己、故交时的喜悦心情。另外，还有以两只喜鹊面对面的构图内容，表达"喜相逢"（见图 16–3）的融洽、喜庆氛围。

图 16–1　　　　　图 16–2　　　　　　图 16–3

（图片来源：图 16–1：http://auction.zhuokearts.com/artsview.aspx?id=25980814；图 16–2：http://blog.artron.net/space–607728–do–album–picid–13820601–goto–up.html；图 16–3：http://blog.bandao.cn/archive/223678/blogs–2139269.aspx）

三、完成基础

经过一段时间的教学，学生已经基本掌握了花卉、鸟类、人物等的雕刻，也已具备雕刻假山、树木、小草、树叶等配件的能力。完成本项目的基础知识和技能详见表16-1。

表 16-1　　　　　　　　　　　迎宾宴雕刻作品完成基础

序号	知识技能基础	知识技能类型	知识技能获得	知识技能运用	应用项目
（1）	寿带鸟	鸟类	项目四：齐梅祝寿	拓展雕刻喜鹊	项目十六：迎宾宴雕刻作品设计与制作（喜相逢）
（2）	梅花	花卉	项目四：齐梅祝寿	直接运用于该项目	项目十六：迎宾宴雕刻作品设计与制作（喜上眉梢）
（3）	梅树	植物配件	项目四：齐梅祝寿	直接运用于该项目	项目十六：迎宾宴雕刻作品设计与制作（喜上眉梢）
（4）	假山	配件	项目三：鸟语花香	直接运用于该项目	项目十六：迎宾宴雕刻作品设计与制作（喜相逢）
（5）	女子	人物	项目十二：窈窕淑女	拓展迁移雕刻蔡邕	项目十六：迎宾宴雕刻作品设计与制作（倒屣迎宾）
（6）	女子		项目十二：窈窕淑女	拓展迁移雕刻陶侃之母	项目十六：迎宾宴雕刻作品设计与制作（截发迎宾）
（7）	女子		项目十二：窈窕淑女	拓展迁移雕刻陈蕃	项目十六：迎宾宴雕刻作品设计与制作（扫榻相迎）
（8）	马	项目元素	项目十一：马到成功	由马拓展迁移雕刻鹿	项目十六：迎宾宴雕刻作品设计与制作（鹿鸣）

第二部分　项目实施

一、项目名称

迎宾宴雕刻作品设计与制作

二、项目要求

针对迎宾宴主题要求，根据迎宾诗词典故分析，结合自身知识技能特点，雕刻完成以迎宾为主题的作品。作品要求主题鲜明，重点突出，刻画细腻，充分体现"有朋自远方来，不亦乐乎"的美感。

三、资料查询

（1）卫兴安. 食品雕刻图解［M］. 北京：中国轻工业出版社，2014：10-11.

（2）周毅. 周毅食品雕刻——花鸟篇［M］. 北京：中国纺织出版社，2009：39-41.

（3）李顺才. 李顺才食雕技法［M］. 南京：江苏科学技术出版社，2004：18-19.

（4）李凯. 食品雕刻基础教程［M］. 成都：四川科学技术出版社，2008：57-59.

（5）周文涌，张大中. 食品雕刻技艺实训精解［M］. 北京：高等教育出版社，2012：103-108.

（6）广西华南烹饪学校雕刻示范课——喜鹊［EB/OL］http://my.tv.sohu.com/us/66078842/53531488.shtml.2013.3.21.

（7）爱奇艺. 食品雕刻大全蔬菜水果全集·喜鹊［EB/OL］http://www.iqiyi.com/w_19r-rd0o9lx.html.

四、评分标准

根据项目设计的主题性、合理性、美观性及作品的质量给予评分。迎宾宴雕刻作品评分标准见表16-2。

表 16-2　　　　　　　　　　　　　　迎宾宴雕刻作品评分标准

指标	总分	评分标准
雕刻质量	70	刀面平整，无杂质及多余刀痕。人物表情自然，身体比例、结构合理，动作协调；动物身体线条柔和，面部雕刻细致，神态生动逼真，栩栩如生。
设计创新	30	原料运用合理，技法运用得当，构图美观，色彩自然。人及其他动物造型夸张大胆，形象生动。配饰（小草、假山、树木等）位置合理，造型自然。整个作品能够比较准确地体现迎接宾客的喜悦之情。

五、演示案例——喜相逢

◆ 原料选择

青南瓜（或白萝卜、青萝卜、老南瓜等）。

◆ 刀具选用

平口刀、切片刀、U 形刀、V 形刀、掏刀等。

◆ 雕刻刀法

批、插、刻、掏、画。

◆ 雕刻过程

（1）用切片刀切去南瓜一端两侧，使南瓜的一端呈"V"形（见图 16-4）。用平口刀刻出喜鹊的喙（见图 16-5）。

 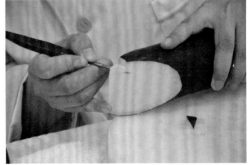

图 16-4　　　　　　　　　　　　　　　　　图 16-5

（2）顺势沿下喙的底缘去掉废料，刻出喜鹊的胸部（见图 16-6）。去掉喜鹊额头后一层废料，继而沿背部曲线去掉其尾部一层废料，使其后背呈两端向下凹进的波浪形（见图 16-7）。

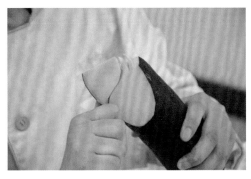

图 16-6

图 16-7

（3）从两侧修出喜鹊侧面的曲线，使其侧面也呈胸腹部凸起、头尾两端凹进去的波浪形（见图 16-8）。稍加修整，刻出喜鹊的身体轮廓（见图 16-9）。

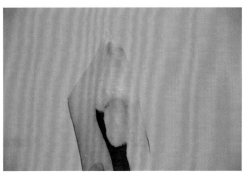

图 16-8

图 16-9

（4）用平口刀沿上喙的上缘修整，将其修光滑并修出喙的弧线（见图 16-10），顺势向后拉出眼眉的线条（见图 16-11）。

图 16-10

图 16-11

（5）去除其背部、胸部、腹部棱角（见图 16-12），使身体线条更加流畅自然（见图 16-13）。

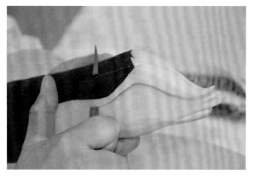

图 16-12　　　　　　　　　　　　图 16-13

（6）用平口刀在背部划出一个口袋的形状，作为喜鹊背部黑色羽毛（见图 16-14），去除线条旁废料（见图 16-15）。

图 16-14　　　　　　　　　　　　图 16-15

（7）用拉刀拉出羽毛（见图 16-16、图 16-17）。

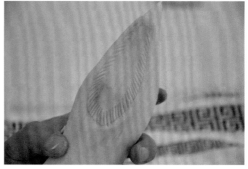

图 16-16　　　　　　　　　　　　图 16-17

（8）用 3 号 U 形刀在尾部插出第一层尾羽（见图 16-18），去掉底层废料（见图 16-19）。

（9）换 4 号 U 形刀，插出第二层羽毛（见图 16-20），去除底层废料（见图 16-21）。

图 16-18　　　　　　　　　　　图 16-19

图 16-20　　　　　　　　　　　图 16-21

（10）用平口刀刻出尾羽的托（见图 16-22），去除托下面的废料（见图 16-23）。

图 16-22　　　　　　　　　　　图 16-23

（11）去掉腹部的废料（见图 16-24、图 16-25）。

（12）修整其胸腹部棱角（见图 16-26），使身体更加光滑，刀面更加平整（见图 16-27）。

（13）南瓜切块，其长度比鸟的身体稍长，中间大，两头稍小，类似于菱形的片状（见图 16-28），用平口刀划出中间最长的尾羽（见图 16-29）。

图 16-24　　　　　　　　　　图 16-25

图 16-26　　　　　　　　　　图 16-27

图 16-28　　　　　　　　　　图 16-29

（14）去除两侧废料（见图 16-30），再在两侧各刻一条稍短些的尾羽（见图 16-31），去除废料。以同样的方法共刻出 7 条中间较长、两侧越来越短的尾羽。

（15）切断并去除边缘废料（见图 16-32），用拉刀拉出中间羽毛的羽轴（见图 16-33）。

（16）用拉刀拉出羽枝（见图 16-34、图 16-35）。

（17）刻出喜鹊的一对翅膀。依次将翅膀和尾巴固定在身体相应位置，装上仿真眼。

（18）用同样的方法，刻出另一只喜鹊；接着刻出假山，点缀适量花草；最后将两只喜鹊按面对面、高低错落的方式固定在假山上（见图16-36、图16-37）。

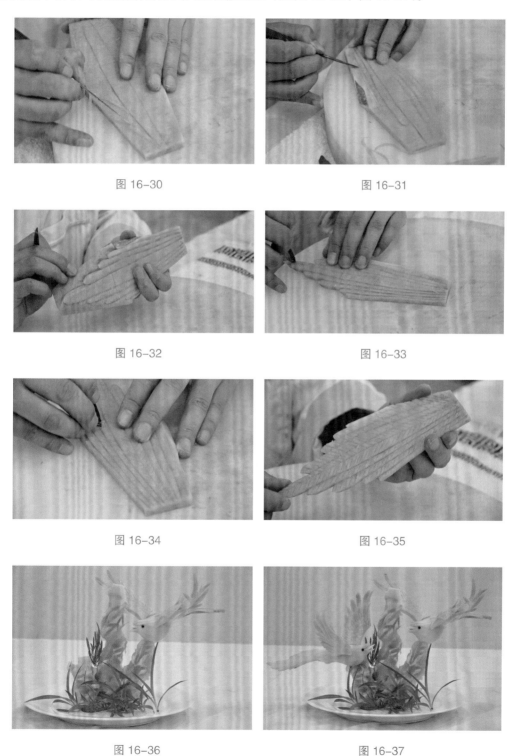

图16-30

图16-31

图16-32

图16-33

图16-34

图16-35

图16-36

图16-37

参考文献

1. 郑忠良. 水果切雕［M］. 上海：上海科学普及出版社，2001.

2. 孙宝和. 食品雕刻：孙宝和蔬果切雕艺术［M］. 北京：中国轻工业出版社，1998.

3. 李凯. 水果切雕与拼摆［M］. 成都：四川科学技术出版社，2007.

4. 王冰. 食品雕刻［M］. 北京：中国轻工业出版社，2004.

5. 周毅. 周毅食品雕刻——花鸟篇［M］. 北京：中国纺织出版社，2009.

6. 邓耀荣，陈洪波. 果蔬雕刻教程［M］. 广州：广东经济出版社，2003.

7. 刘锐. 琼脂雕［M］. 哈尔滨：黑龙江科学技术出版社，2005.

8. 朱诚心. 冷拼与食品雕刻［M］. 北京：中国劳动社会保障出版社，2014.

9. 李凯. 食品雕刻基础教程［M］. 成都：四川科学技术出版社，2008.

10. 卫兴安. 食品雕刻图解［M］. 北京：中国轻工业出版社，2014.

11. 王慧良，车梦麟，郝秉钊等. 瓜雕［M］. 上海：上海科学普及出版社.2002.

12. 朱君，张小恒. 西瓜灯雕刻技术概要［J］. 烹调知识，2000（1）：44–47.

13. 周文涌，张大中. 食品雕刻技艺实训精解［M］. 北京：高等教育出版社，2012.

14. 孔令海. 泡沫·琼脂·冰雕技法与应用［M］. 沈阳：辽宁科学技术出版社，2003.

15. 李顺才. 李顺才食雕技法［M］. 南京：江苏科学技术出版社，2004.

16. 孔令海. 中国食品雕刻艺术（动物集）［M］. 北京：中国轻工业出版社，2011.

图书在版编目（CIP）数据

食品雕刻项目化教程 / 董道顺主编. —北京：中国人民大学出版社，2014.11
21世纪高职高专规划教材. 旅游与酒店管理系列
ISBN 978-7-300-20008-8

Ⅰ.①食… Ⅱ.①董… Ⅲ.①食品雕刻-高等职业教育-教材 Ⅳ.①TS972.114

中国版本图书馆 CIP 数据核字（2014）第254797号

21世纪高职高专规划教材·旅游与酒店管理系列
食品雕刻项目化教程
主　编　董道顺
副主编　罗桂金　王建中
参　编　谷　绒　王　杰
主　审　李　红　黄卫良
Shipin Diaoke Xiangmuhua Jiaocheng

出版发行　中国人民大学出版社
社　　址　北京中关村大街31号　　　　　　　　　　邮政编码　100080
电　　话　010-62511242（总编室）　　　　　　　010-62511770（质管部）
　　　　　010-82501766（邮购部）　　　　　　　010-62514148（门市部）
　　　　　010-62515195（发行公司）　　　　　　010-62515275（盗版举报）
网　　址　http://www.crup.com.cn
　　　　　http://www.ttrnet.com.（人大教研网）
经　　销　新华书店
印　　刷　北京玺诚印务有限公司
规　　格　185 mm×260 mm　16开本　　　　　　版　　次　2015年1月第1版
印　　张　14.75　　　　　　　　　　　　　　　　印　　次　2020年7月第2次印刷
字　　数　236 000　　　　　　　　　　　　　　　定　　价　55.00元